MUSÉE RÉTROSPECTIF

DU GROUPE VII

AGRICULTURE

A L'EXPOSITION UNIVERSELLE INTERNATIONALE
DE 1900, A PARIS

Organisé par le Ministère de l'Agriculture et l'Administration
des Musées centennaux

— ◦✠◦ —

RAPPORT

DE

M. Jules SAIN
Délégué du Ministère de l'Agriculture

—◦✠◦—

MUSÉE RÉTROSPECTIF

DU

GROUPE VII

AGRICULTURE

MUSÉE RÉTROSPECTIF

DU GROUPE VII

AGRICULTURE

A L'EXPOSITION UNIVERSELLE INTERNATIONALE
DE 1900, A PARIS

Organisé par le Ministère de l'Agriculture et l'Administration
des Musées centennaux

— ◦◦◦ —

RAPPORT

DE

M. Jules SAIN

Délégué du Ministère de l'Agriculture

Exposition universelle internationale de 1900

SECTION FRANÇAISE

Commissaire général de l'Exposition :

M. Alfred PICARD

Directeur général adjoint de l'Exploitation, chargé de la Section française :

M. Stéphane DERVILLÉ

Délégué au service général de la Section française :

M. Albert BLONDEL

Délégué au service spécial des Musées centennaux :

M. François CARNOT

Architecte des Musées centennaux :

M. Jacques HERMANT

Le fauchage et le labourage. d'après une miniature d'un psautier du treizième siècle.
Bibliothèque nationale.

INTRODUCTION

La Section rétrospective organisée par le Ministère de l'Agriculture et l'Administration des Musées centennaux à l'Exposition universelle de 1900 était installée au centre de l'Exposition contemporaine de l'Agriculture, ce qui permettait au visiteur de se rendre compte des phases de transformation de l'outillage agricole après en avoir admiré les derniers perfectionnements.

Les objets se rapportant à l'agriculture générale, à la viticulture et à l'œnologie, aux cultures diverses, à l'élevage, à la laiterie et à la fromagerie, aux industries agricoles, etc., étaient exposés dans de pittoresques bâtiments de ferme, reconstitués d'après d'anciens types curieux de diverses régions de France, appropriés à chaque genre et artistement entourés de feuillage et de verdure.

Cette sorte de petit village était animé par des groupes de mannequins vêtus des costumes des provinces françaises et représentant les diverses scènes de la vie des champs dans l'emploi usuel de l'outillage ancien.

C'était ici, sous un vieux hangar à la charpente vermoulue reposant sur de rustiques piliers de pierre, un gamin d'une douzaine d'années venant quérir au milieu d'une quantité de charrues, de herses, etc., de toutes les contrées de France, un semoir à brouette d'un singulier modèle, pendant qu'un paysan grimpé sur une échelle décrochait du plancher où ils étaient pendus en grand nombre et fort variés, les outils dont il avait besoin.

Puis là, sous l'auvent extérieur d'une antique construction, un vigneron à la figure enluminée foulant aux pieds dans une cuve le raisin qu'un jeune homme lui apporte de la vigne dans des paniers à fond mobile fixés des deux côtés du bât d'un âne ; auprès, deux ouvriers, bras nus et pieds nus rougis par le vin, pressant la vendange sur un vénérable pressoir de chêne à engrenages en bois de peuplier, apporté tout entier d'un cuvier du fond du Morvan où il fonctionnait depuis des siècles ; plus loin, un barallier du Languedoc à la coiffure originale, disposée pour porter le tonnelet, tenant à la main sa lanterne non moins bizarre pour descendre à la cave enfûter le vin.

Scène de la vie rurale. d'après le Virgile de 1517 (1).

Ailleurs, se dressait fièrement campé sur son petit cheval truité, non ferré, un gardien de taureaux de la Camargue, le visage énergique ombragé par un large feutre gris et tenant à la main le trident avec lequel il aiguillonne ses bêtes ; il semblait quitter le village pour rejoindre sa « manada » et décocher une bonne « galéjade » provençale à ceux de son entourage. A ses côtés, monté sur ses échasses, vêtu d'une peau de chèvre et tricotant, un berger landais contrastait par son aspect, aussi morne que la lande où paissent les moutons.

Dans un bâtiment contigu, une Normande battait le beurre à l'aide d'une

(1) Le bois de cette gravure, extraite des *Mœurs, usages et costumes au moyen âge*, de Paul Lacroix, nous a été prêté, ainsi que plusieurs autres, par M. Didot. Nous sommes heureux de lui adresser ici l'expression de notre reconnaissance.

baratte octogonale des plus étranges, et tout autour d'elle s'étageaient sur des rayons des ustensiles de laiterie, de fromagerie, etc., provenant des fermes de nos plaines ou des chalets de nos montagnes et mêlaient les notes du cuivre poli, du fer-blanc étincelant aux tons émaillés des poteries et des faïences vernissées.

Sous un porche restant d'une vieille abbaye, un Breton écrasait du chanvre à l'aide d'une broie très primitive, et les murailles de la pièce étaient garnies de quenouilles, de fuseaux, de rouets, etc., de toutes les formes, les uns très ouvragés, les autres bien frustes, suivant qu'ils provenaient des châteaux ou des chaumières.

Et surveillant tout ce monde de travailleurs, de sa maison sortait majestueusement un vieux garde champêtre revêtu du classique habit bleu de roi, guêtré haut de blanc sur sa culotte blanche et ceint du chapeau, du baudrier, du sabre et de la plaque authentique que portait sous Louis-Philippe le garde en exercice à Montmartre, quand le moulin de la Galette tournait encore en pleins champs.

À l'intérieur, outre les objets accompagnant les mannequins que nous venons de citer, la principale construction de ce hameau abritait une vaste salle où étaient installées des vitrines renfermant les collections les plus précieuses d'anti-

Gravure extraite de l'Assemblage nouveau des manouvriès habilles, par Martin Engelbrecht.
(Collection François Carnot.)

quités et d'ustensiles agricoles et viticoles de tous genres, des tablettes sur lesquelles étaient rangés ceux de plus fortes dimensions, et des panneaux sur lesquels étaient disposés en trophée des instruments de toute nature.

L'ensemble de ces objets divers, envoyés au nombre de plus de 3000 par 250 exposants, constituait des séries importantes donnant une idée de la variété et des transformations du matériel agricole.

Aucune tentative de ce genre n'avait encore été faite en France, où il n'existe pas davantage de Musée ni de collections privées spécialement agricoles, et nous avons dû faire de longues et minutieuses recherches pour parvenir à créer une réduction de Musée documentaire du Matériel agricole.

Le peu de précision des documents sur lesquels nous devions nous guider, le temps limité, la difficulté de retrouver chez les cultivateurs les instruments anciens presque tous détruits au fur et à mesure qu'ils étaient remplacés par de plus perfectionnés, la similitude de ces instruments, ont compliqué singulièrement notre tâche ; aussi, malgré nos efforts, ne nous a-t-il pas été possible de former une Section rétrospective répondant à notre idéal ; mais, malgré les lacunes qu'elle présentait, elle était cependant encore suffisante pour démontrer au public l'intérêt des recherches relatives à l'histoire de l'Agriculture dans notre pays, et notre plus vif désir serait d'avoir réussi par cet essai modeste à provoquer des études, dans cet ordre d'idées, de la part de quelques-uns des visiteurs de l'Exposition.

L'affluence du public et l'intérêt général qu'il a témoigné à cette exposition agricole ont prouvé son opportunité. Qu'il nous soit permis ici de reporter les remerciements, les éloges qui nous sont parvenus de tous les coins de la France, en même temps que l'expression de notre profonde gratitude personnelle, aux hommes éminents qui ont bien voulu protéger et soutenir cette manifestation historique.

A M. Jean Dupuy, Ministre de l'Agriculture ; à M. Vassillière, Directeur de l'Agriculture ; à M. Dabat, Sous-Directeur de l'Agriculture, à qui nous avons dû les plus précieux encouragements et qui nous ont mis à même de réaliser notre projet.

A M. Picard, Commissaire général de l'Exposition ; à M. Dervillé, Directeur général adjoint de l'exploitation, qui ont accordé à notre entreprise une si constante bienveillance.

Enfin à M. François Carnot, Délégué au service spécial des Musées centennaux, qui nous a si puissamment aidé, non seulement de ses conseils, de son érudition et de son autorité, mais aussi en participant lui-même comme collectionneur à notre œuvre.   Jules SAIN.

Le labourage et l'ensemencement,
d'après une miniature du *Livre d'heures de Jean de Montluçon*.
Bibliothèque de l'Arsenal.

AGRICULTURE GÉNÉRALE

Les premiers hommes, pour se nourrir et se défendre, se firent des outils et des armes de silex et de pierres dures taillées souvent avec une grande habileté.

M. Messichomer nous en avait confié de fort belles collections, comprenant des outils susceptibles d'avoir été probablement utilisés pour la récolte ou la préparation des végétaux comestibles.

Le climat rigoureux qui régnait dans nos régions à l'époque du renne ne permettait guère la culture des céréales, et tout porte à croire que nos ancêtres se contentaient à cette époque de nourriture animale et de quelques végétaux sauvages comestibles. Ils n'ignoraient cependant pas l'existence du blé, cultivé sans doute déjà dans des régions d'une température plus clémente, avec lesquelles ils entretenaient certaines relations, car on a trouvé des représentations fort exactes de l'épi de froment ordinaire sculpté sur un os de renne dans les grottes d'Espéligue à Lourdes et de Bruniquel (Tarn-et-Garonne), ainsi qu'une gravure sur pierre, représentant un épi de blé barbu, dans la grotte de Lortey (Hautes-Pyrénées) ; mais c'est seulement tout à fait à la fin de la période, lorsque la situation météorologique s'améliora, qu'on constata la production du blé avec une certaine abondance, comme MM. Piette et Boule en trouvèrent la preuve en découvrant un petit approvisionnement de blé amassé en tas dans la grotte du Mas d'Azil.

Malheureusement, on ne put en déterminer la variété, car, aussitôt exposés à l'air, les grains tombèrent en poussière. Ces mêmes fouilles firent trouver à ces savants une molette de pierre semblable à celles qui servirent plus tard à broyer les grains et qui a peut-être eu le même emploi.

A l'époque du bronze, la culture se développa certainement et on rencontra dans les cités lacustres de la Suisse et de l'Est de la France de nombreux grains de blé, de seigle, d'orge, à côté de fruits et de graines (noisettes, nèfles, châtaignes, pommes, cerises, etc.).

Possédait-on à ces époques éloignées des araires ou autres outils permettant de fouiller profondément le sol et de se livrer par conséquent à l'agriculture proprement dite? Jusqu'ici, on ne le sait pas avec certitude ; cependant, M. Bonnemère croit voir un araire primitif dans une des figures gravées à l'époque néolithique sur un des dolmens de Locmariaquer, sculpture dont il a exposé une restitution modelée, et M. Grange, de Clermont-Ferrand, possède dans ses collections une pierre taillée en pointe qu'il considère comme un coutre de charrue primitive.

Pic en andouiller de cerf.

En tout cas, il est bien vraisemblable que les sortes de pics faits d'un andouiller de cerf, trouvées dans les cités lacustres et ailleurs, étaient de véritables houes permettant de travailler la terre.

Dans la période néolithique qui vit l'introduction chez nos ancêtres de la métallurgie, apparurent, en même temps que les armes, certains outils en bronze qui ont certainement contribué efficacement au développement de l'Agriculture. M. Capitan avait exposé de belles faucilles de cette époque. Plus tard, l'introduction du fer permit d'établir des faucilles de ce métal, plus grandes que celles en bronze, de forme simplifiée et moins lourdes, et de créer la faux, dont la lame s'emmanchait dans un long bâton. Les faucilles en fer, ainsi qu'on peut s'en rendre compte d'après les spécimens nombreux du Musée de Saint-Germain, appartenaient à quatre types différents : celle de forme demi-circulaire à talon sur le dos et soie plate avec bouton à la base ; celle à lame également demi-circulaire et à talon dorsal pointu avec base renforcée par des nervures épaisses, percée pour recevoir et river le manche ; celle semblable de lames, mais sans talon et portant à la base un trou ou un bouton saillant ; enfin, celle dont la lame était

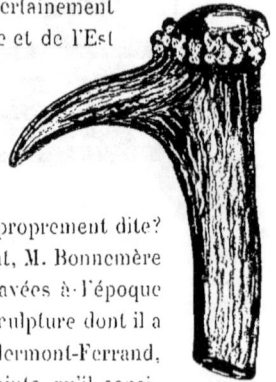

ondulée (forme flamboyante) et sans soie, mais garnie en bas d'un bouton pour l'emmanchement.

Les auteurs anciens, Grecs et Romains, constatent tous la fertilité de la Gaule et mentionnent les grandes cultures de blé dans la région du Nord d'abord, et ensuite dans d'autres parties de la Gaule, l'existence de vastes pâturages et de forêts fréquentées par les troupeaux, les efforts persévérants et courageux faits par les peuples de l'Est et du Midi, les résultats qu'ils obtinrent, et enfin la facilité et le bonheur avec lesquels les peuples du Midi et du Sud-Est (que leur aire géographique mettait en contact avec les nations alors civilisées depuis longtemps de l'Empire romain) introduisirent sur leur territoire les cultures de la vigne, du maïs, du millet, etc.

Il n'existait pas chez les Gaulois, disent les historiens, de propriétés communes. Ils consacraient la meilleure part des fruits de leurs conquêtes aux divinités.

On n'honorait que deux ordres dans la nation, celui des druides et celui des guerriers, qui s'étaient partagé les domaines, les honneurs et les immunités le peuple cultivait leurs terres. Au contraire des Gaulois, les Celtibériens, selon Diodore de Sicile, partageaient chaque année les terres pour les cultiver et mettaient en commun les récoltes dont chacun obtenait une part égale ; ils avaient établi la peine de mort contre quiconque frustrerait la communauté.

Si rude pour lui-même, le paysan de la Gaule ne se montrait pas moins très soigneux et fin observateur dans ses travaux champêtres : il savait multiplier et élever les animaux, et avait même déjà découvert le secret de l'amélioration du sol par le chaulage encore usité de nos jours.

En effet, Varron constate que dans la région de la Gaule transalpine voisine du Rhin on amendait la terre avec de la craie ;

Faucilles diverses en fer.
(*Musée de Saint-Germain.*)

Pline dit qu'on se servait pour le même usage de la marne et de la chaux, et

que les Ubiens extrayaient du sol même, à trois pieds de profondeur, la terre de fond pour couvrir la surface des champs d'une couche épaisse d'un pied.

En outre des assolements, les Gaulois connaissaient certainement l'emploi de la fumure d'origine animale, et même Pline assure que, dans la Cisalpine du nord du Pô, on préférait pour certaines terres la cendre de fumier au fumier lui-même.

Le repos biennal de la terre et l'alternement des cultures sont également d'invention gauloise. Le hasard, dit-on, apprit aux Salasses des Alpes à labourer le blé en herbe, et les Trévires eurent les premiers l'idée, du temps de Pline, d'ensemencer de nouveau leurs champs de blé où celui-ci avait gelé par un hiver dur.

Les cultures principales auxquelles s'adonnaient les Gaulois étaient celles du froment, dont ils connaissaient plusieurs variétés : le *bracé* ou *froment blanzé*, très blanc et donnant beaucoup de pain ; l'*arinca* (*triticum hibernum*), dont on faisait des pains très savoureux ; le *blé de trois mois* ou *blé de mars*, qui réussissait très bien dans les provinces septentrionales ; l'orge à *deux rangs* ou *escourgeon* dit *galatique ;* le *seligo*, variété du *triticum hibernum*, qui, excellent en Italie, dégénérait en deçà des Alpes, partout ailleurs que dans le territoire des Allobroges et des Mémines (Carpentras) ; enfin le *seigle* (*hexastichum*). Dans les régions parocéaniques de l'Aquitaine, le terrain presque partout sablonneux et maigre ne donnait aux habitants pour nourriture que le millet ; il était peu fertile en autres céréales. Toute la Narbonidite produisait les mêmes fruits que l'Italie ; si, au contraire, on avançait vers les Ourses et vers le mont Cemmène, l'olivier et le figuier faisaient défaut, la terre n'étant plus propice à ces plantes, mais les autres y venaient bien : si l'on avançait encore davantage, la vigne ne réussissait plus aisément. Tout le reste du pays produisait en abondance du blé, du millet, du gland et du bétail de toute espèce, nulle part le sol n'y était inactif, si ce n'est dans des endroits où des marais et des bois empêchaient toute culture.

Les Lygies cultivaient un sol âpre et tout à fait misérable, leur territoire était couvert d'arbres ; les uns, armés tout le jour de puissantes et lourdes haches de fer, coupaient du bois ; les autres, ceux qui travaillaient la terre, étaient le plus souvent occupés à casser les cailloux de ce sol rocailleux à l'excès ; leurs outils, en effet, n'y soulevaient pas une glèbe qui ne fût sans pierre.

La culture du lin était très répandue dans la Transalpine, suivant Pline : « N'oublions pas, dit-il, un arbre forestier dont la Gaule savait tirer un triple parti, le bouleau, qui lui fournissait à la cuisson une sorte de bitume, lui servait à confectionner des cercles et des corbeilles, et dont les rameaux composaient les insignes redoutables de ses magistrats. »

La culture des fruits et légumes n'offrait aucune particularité, si ce n'est celle des pommes privées de pépins que les Belges nommaient *Spadonia* (Pline), et l'importance donnée en certains points à celle des cerises. En effet, le cerisier comestible, rapporté des bords de la mer Noire en Italie par Lucullus, fut importé en Gaule, où il se propagea tellement en cent cinquante ans qu'au premier siècle avant Jésus-Christ, on en trouvait jusqu'en Grande-Bretagne ; auparavant, on ne connaissait en Gaule que le merisier ou cerisier sauvage indigène.

Après l'emploi judicieux des engrais, on voit l'intelligence pratique des Gaulois se tourner vers le perfectionnement des instruments de labour ; c'est à eux qu'est due l'invention de la charrue à roues, c'est-à-dire qu'ils reconnurent la nécessité d'ajouter deux roues à l'araire primitif. Cette amélioration leur fut empruntée par les Romains, cependant bien plus civilisés qu'eux ; et ce fait est à considérer, car il prouve que nos ancêtres, que les

Charrue à roues, d'origine gauloise, d'après une amulette romaine en jaspe vert.

vainqueurs se plaisaient à qualifier de sauvages, étaient en réalité des cultivateurs plutôt habiles.

Cette charrue de forme nouvelle fut baptisée par les Romains *planaratrum* ; elle est représentée dans un élégant bas-relief ciselé sur une amulette romaine en jaspe vert, qui a été décrite et dessinée par Caylus, et sur une médaille du Mantouan, représentée par Mongez ; son soc avait l'aspect d'une pelle, il était pointu comme l'espèce de bêche dont on se sert pour enlever le gazon.

Charrue de Loubeyrat (Puy-de-Dôme).
Musée du Trocadéro.

Dès que la motte de terre était retournée, on semait les graines que l'on recouvrait à l'aide de herses, dites *crates dentatæ*, qui étaient dues également au génie des Gaulois ; cette façon d'opérer diminuait le sarclage, parce que les tranchants du soc coupaient l'herbe qu'il fallait faire disparaître.

Pline nous apprend que nos pères avaient en sus inventé le *culter*, soit le coutre, pareil à une lame de couteau attaché au timon devant la charrue, qui, dit-il, coupe la terre solide avant qu'elle soit soulevée par le soc et trace d'avance la ligne du sillon.

Peut-être (si on en juge d'après son caractère primitif) doit-on faire remonter à ces époques l'origine de l'araire encore demeuré en usage, il y a trente ans, dans quelques hameaux perdus des montagnes de l'Auvergne, et qui, tout en bois, grossièrement façonné, avait un soc et des joues de bois garnies seulement, pour en atténuer l'usure, de silex incrustés dans de vieux morceaux de fer cloués.

D'après l'étymologie, la bêche (en breton *bac'h*, en irlandais et gallois, *bac* ou *bec*) serait aussi d'origine celtique.

Houe gauloise, d'après un bas-relief de Valcabrère (Haute-Garonne).

Un bas-relief de Valcabrère, dessiné par Viollet-le-Duc, nous montre une houe gauloise vraiment intéressante par son caractère primitif qui semble en faire remonter l'origine à l'époque où le fer était connu mais encore fort rare. Elle se compose en effet d'une planchette de bois amincie à son extrémité doublée seulement de fer battu et percée en haut d'un trou rectangulaire où passait le manche, retenu par une clef.

Les Celtes moissonnaient avec des faucilles dont l'usage, comme on l'a vu, remonte à l'époque du bronze, où les cultivateurs avaient à leur disposition des faucilles de bronze, puis de fer, de formes variées.

Cependant Pline nous fait savoir encore qu'ils utilisaient un tombereau à deux roues qu'un bœuf poussait devant lui. Ce tombereau était évasé dans le haut, et le bord antérieur, plus bas que les trois autres, était pourvu de petites dents recourbées qui arrachaient les épis et les faisaient tomber dans le coffre à mesure que le bœuf avançait.

On ne sait pas jusqu'à quel moment cet instrument a été en usage ; il est certain qu'il était tombé en désuétude à l'époque chrétienne, puisque les auteurs contemporains, qui ont donné tant de détails sur les mœurs et coutumes des Gaulois à leur époque, n'en font pas mention : en tout cas, on peut, si on veut, le considérer comme un précurseur des moissonneuses mécaniques si perfectionnées de nos jours.

Toutefois le millet et le panic étaient récoltés à la main, épi par épi, avec un peigne (*pectine*), et les Bretons, d'après Strabon, cueillaient le blé en coupant les épis mêmes qu'ils serraient dans des granges couvertes ; ils égrenaient chaque jour les épis les plus anciens et les manipulaient pour en faire leur nourriture.

Les Gaulois avaient aussi une faux particulière bien plus expéditive que celle en usage en Italie, car, en coupant l'herbe par le milieu, elle ne touchait pas à celle qui était courte (Pline), et, pour tous leurs outils tranchants, ils avaient découvert une pierre à affiler à l'eau qu'ils nommaient *passernices*.

Enfin, ils fabriquèrent avant les Romains des tamis en crins de cheval et en poils de vache.

Pour le transport de leurs denrées et marchandises, les cultivateurs gaulois avaient recours à divers animaux de trait. Sur la colonne Trajane et divers autres monuments antiques, on voit représentés des chevaux, des mulets et des ânes garnis de bâts ; lorsque les objets à transporter étaient volumineux ou lourds, ils employaient des chariots, et c'est même eux, d'après Varron, qui auraient inventé le chariot à quatre roues, auquel ils donnaient le nom de *peterritum*, et que les Romains importèrent plus tard chez eux. Ces chariots étaient traînés par des mulets ou des bœufs, ces derniers, au dire de Pline, n'étaient pas attelés de la même façon partout ; dans les Alpes, ils

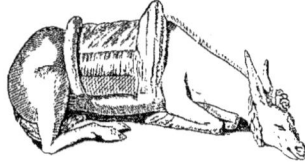

Ane avec son bât, d'après l'antique.

l'étaient par un joug placé sur la tête ; ailleurs par le cou ; les mulets, de leur côté, étaient attelés dans certaines régions à l'aide de harnais ; dans les Landes et la Narbonnaise, à l'aide de jougs dans lesquels ils passaient le cou. Ce dernier mode d'attelage fut adopté dans certaines circonstances par les Romains, ainsi que le prouvent les médailles représentant Agrippine promenée solennellement sur un char le jour de son couronnement.

La conquête d'abord des provinces voisines de la Méditerranée, plus tard de la Gaule entière, par les Romains, dut apporter des modifications importantes dans le mode d'exploitation des terres ; en effet, l'histoire et les fouilles archéologiques nous apprennent qu'un grand nombre de riches Romains transportèrent leurs pénates dans les provinces conquises et vinrent s'installer jusque sur les points les plus reculés de notre territoire, pour y construire des villas somptueuses qui servaient certainement de centres à des exploitations rurales importantes dirigées par eux ou leurs mandataires (acteurs).

Les grands domaines (*villæ, curiæ, curiæ capitales, capitamansi*) étaient divisés en *manses* (*mansiones, mansa, mansiolia, manisgella*) qui se partageaient en *cours* (*curtes*). Ces manses s'appelaient *ingenuiles, censiles*, ou *serviles*, suivant qu'elles étaient exploitées par des fermiers libres, des colons ou des esclaves. Les premiers étaient en petit nombre, et, conformément à une loi d'Anastase, l'agriculteur, au bout de trente années d'exploitation, demeurait attaché au sol avec sa postérité. Il était dès lors colon tributaire (*colonus tributalis, censitus, tributarius*), payant en argent ou en fruits une redevance fixée par le juge ; il léguait son fermage à son fils. Le colon *adscriptice* (*adscriptitius*) n'avait au contraire qu'un droit viager, mais il n'était pas permis de l'expulser tant qu'il s'acquittait des charges annuelles. Les colons, quoique d'une classe inférieure à celle des clients plébéiens, étaient considérés comme libres, parce qu'ils dépendaient du sol et non de la personne, mais ils n'acquéraient aucun immeuble sans l'autorisation de leur maitre et l'honneur de porter les armes leur était interdit.

Les nouveaux maîtres venus de Rome ont dû certainement s'efforcer d'apporter dans leurs domaines les procédés et instruments de culture qu'ils avaient vu employer dans leur pays et dont ils avaient pu apprécier la valeur ; de là date sans doute l'introduction sur notre territoire de la plupart des outils familiers au cultivateur romain ; c'est ainsi qu'à cette époque remonte l'adoption par les peuples du Midi d'un des types de charrue en usage chez les Romains et qui, plus ou moins modifié, devint la *fourca* encore employée.

Les Romains, en effet, outre la charrue à roues gauloise, se servaient de plusieurs espèces d'araires, notamment pour les terres légères du petit araire campanien, fait d'un jeune ormeau courbé vivant dans la forme voulue et de telle façon que la pointe d'une des branches durcie au

Charrue étrusque, d'après un bronze étrusque trouvé à Arezzo.

feu pût pénétrer la terre et servir de soc, tandis qu'une autre branche formait le manche que tient le laboureur, et le tronc, l'âge auquel on attelait les bœufs ; de la charrue étrusque, de fabrication identique, mais munie d'un soc de métal à l'extrémité de la branche inférieure ; de la charrue romaine à soc, ou de bronze ou de fer, pour les terres lourdes, et de la charrue grecque à oreilles et à soc de métal, pour creuser les sillons profonds.

Le procédé pour ameublir la terre le plus en usage chez les anciens Romains était de faire labourer les champs verticalement et transversalement pour croiser les traits de la charrue, ce qui remplaçait le hersage après le labourage ; mais, en arrivant en Gaule, il est vraisemblable qu'ils remplacèrent cette manière de faire par l'emploi de la herse qu'ils trouvèrent déjà usitée par les Gaulois qui l'avaient inventée, comme nous l'avons dit.

Nous ignorons si les Gaulois roulaient leurs terres après le hersage ; si tel n'était pas leur usage, ce seraient les Romains qui auraient introduit chez nous le cylindre (*cylindrus*) dont ils avaient l'habitude de se servir pour tasser le sol et qui se composait simplement d'un tronc d'arbre sur lequel était fixée une perche pour servir de brancards et auquel on attelait des animaux qui le traînaient simplement sur le sol sans qu'il tournât sur lui-même.

On sait que les Romains, pour le battage du blé, faisaient, comme de nos jours en Algérie, piétiner du bétail sur les tiges de blé étalées sur l'aire ou le faisaient dépiquer par un *tribulum*, traîneau garni en dessous de morceaux aigus de silex ou de dents de fer, ou par un *plaustellum punicum*, châssis de bois auquel était adapté un certain nombre de cylindres mobiles garnis de dents en saillie que trainaient des bœufs ; peut-être usèrent-ils du même procédé pour leurs récoltes en Gaule. Le grain mis à nu ainsi était entassé dans les granges, remué avec la *pala*, pelle en bois, vanné à l'aide du *vannus*, grand van en osier, ou du *cribrum*, crible ou tamis de bois à fond de parchemin percé de trous, de crins ou de joncs entrelacés et transporté aux magasins dans des *corbis*, paniers coniques en osier.

Les outils manuels des Romains, dont les similaires existaient peut-être en Gaule et qui leur ont été empruntés, étaient : la *pala* de fer, bêche avec barrette pour le pied, pareille au louchet actuel de la Provence et de la Corse ; le *rutrum*, ou grosse bêche ; c'est, dit la tradition, avec un rutrum que Rémus fut tué ; la pioche ; le *sarculum* (houe légère) ; le *ligo* et le *raster*, le *bidens* à deux dents (houes de différentes formes) ; le *rastrum* (sorte de râteau fait d'une large houe à dents) ; les faux (*falx denticula*, *fænaria* et *vereculata*), servant à moissonner ou à faucher ; la *furca* (fourche en fer à deux dents) ; la serpe forestière (*falx arborea*), les haches et hachettes diverses (*dolabra*, *securis dolabrata*) et la petite scie à main. Comme poids et mesures, ils se servaient du *corbis messoria* (panier en osier calibré) : du peson, qui a conservé le nom de *romaine*, et de la balance à plateaux.

A la propriété des riches s'annexait un verger (*pomarium*), où l'on cultivait le pommier, le pêcher gaulois en plein vent, le châtaignier, la vigne, le cerisier de Cappadoce, le figuier d'Italie, que les Parisiens surtout savaient, dit Julien l'Apostat, placer à une exposition favorable et préserver des gelées par l'empaillement.

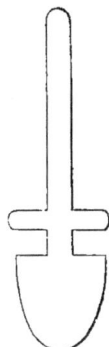

Pala : bêche avec barrette.

Bêche, d'après un manuscrit de la Bibliothèque nationale.
Historial français, treizième siècle.

Le potager fournissait des asperges, des fèves, de l'aulnée, des pois chiches, des salades de betteraves et de lupin.

L'invasion des Francs ne changea pas la situation de la classe agricole, qui, esclave, le demeura. Les Francs créèrent bien quelques grandes exploitations agricoles, et Bordier et Charton nous disent : « quand l'habitation royale d'un Mérovingien ne se trouvait pas dans une riche villa romaine, elle formait une construction en bois vaste et élevée qu'ils nommaient palais. Des maisons de moindre apparence étaient disposées autour pour les officiers, puis des habitations rustiques pour des familles d'ouvriers de tous genres et cultivateurs qui étaient presque tous Gaulois, puis encore des bâtiments d'exploitation agricole ou industrielle, par exemple des gynécées, maisons où les femmes travaillaient la laine et le lin. Enfin, tout autour, on voyait des bergeries, des granges, des chenils, des

2

masures pour les plus pauvres serfs, mais ils en établirent le moins possible et partagèrent tout simplement les domaines, dont ils s'étaient emparés, avec les propriétaires gallo-romains. »

Malheureusement, leur caractère belliqueux et leur ignorance leur défendaient d'être de bons administrateurs ; ils ne purent maintenir la culture en l'état de prospérité où ils l'avaient trouvée, et elle périclita rapidement sous leurs exigences.

LA MOISSON
d'après une miniature du *Livre d'heures* de Jean de Montluçon (quinzième siècle).
(Bibliothèque de l'Arsenal.)

On avait non seulement continué fidèlement la théorie romaine des impôts, mais on avait créé de nouvelles immunités pour le clergé et ses religieux, et Dagobert Ier ordonna des droits de péage sur les transports, des redevances sur les foires, les pâturages, sur la sortie des produits agricoles, sur les attelages et voitures, sur les bêtes de somme et sur les vins.

En outre, les voyageurs privilégiés munis de lettres d'évections (messagers des rois, ecclésiastiques, laïques) avaient le pouvoir de réquisitionner dans les domaines qu'ils traversaient des chevaux, des vivres, etc., en un mot tout ce dont ils pouvaient avoir besoin.

Il est facile de juger l'importance de ces redevances et combien elles devaient être onéreuses pour les cultivateurs, en lisant les ordonnances de Chilpéric II.

Sous le règne de Charlemagne, qui possédait de nombreux domaines occupant la quinzième partie du territoire, la culture ne semble pas avoir été plus favorisée; il interdit même le labourage, le binage des vignes et la récolte le dimanche; du reste, la disette et la famine sévirent plusieurs fois; le prix du froment s'éleva à 15ᶠʳ,12 le muid (12 litres) et celui du vin à 16ᶠʳ,45.

Au neuvième siècle, on vendait un bœuf, 8 sous 6 deniers (341ᶠʳ,22); un bélier, un porc gras, un mouton, 12 deniers (28ᶠʳ,39); un jeune porc, 4 deniers (9ᶠʳ,40); un cheval, 30 sous (851ᶠʳ,70); une maison, 12 sous (340ᶠʳ,68); une grange, 5 sous (141ᶠʳ,95); cent oies, une livre d'argent (563 fr.); trois poulets et vingt œufs, 4 deniers (9ᶠʳ,40).

La journée d'un ouvrier était estimée à 2ᶠʳ,35.

Faux du treizième siècle, d'après une miniature du *Bréviaire d'amour*. (*Bibliothèque nationale.*)

Pioche, d'après une Bible du treizième siècle. *Bibliothèque nationale.*

Les redevances prélevées par les couvents sur l'agriculture n'étaient pas à cette époque moins exorbitantes que par le passé; outre la dîme, les cultivateurs avaient à fournir des apports en nature en maintes circonstances, fêtes, banquets, etc. Ainsi, pour les nombreux repas fondés par saint Alric, évêque du Mans, les serfs de la Boissière avaient à livrer des quantités de froment, de pain, de vin, de liqueur de fenouil (Costus Sylvie), des moutons, des porcs, des légumes, du fromage.

Au Moyen Age, l'outillage du vilain comprenait, d'après un fabliau, « bêche, houe, fourche, herse, soc, ratiau, flaiau à battre en grange, coutre, charrette et charrue, cognier, vans, corbeilles, boisseau, marteau, faux, serpes et faucilles, scilles, sacs et blutiau ».

Faux du Moyen Age, d'après un psautier du commencement du treizième siècle. (*Bibliothèque nationale.*)

Faux du Moyen Age, d'après le *Missel*, n° 873, de la *Bibliothèque nationale* (environ 1400).

Beaucoup de ces outils sont figurés sur les monuments, dans les vitraux et les manuscrits contemporains.

Les pioches avaient la forme d'une feuille longue et pointue, avec arête saillante en dedans de la courbure pour donner plus de nerf au fer. La tête était forte et épaisse, lourde par conséquent, pour donner plus d'effet au coup; la houe était légère, emmanchée à l'aide d'une longue douille (1). La fourche-houe était une houe divisée en deux branches, qui convenait mieux dans les terres fortes que la houe ordinaire; les faux étaient de trois sortes : tantôt au milieu du manche étaient fixés deux arrêts pour maintenir la main droite, tantôt le manche n'avait qu'une poignée perpendiculaire, et son extrémité recourbée entrait dans des frettes tenant au dos du fer, tantôt enfin, le manche était muni de deux poignées, l'une au milieu, l'autre en haut pour la main gauche.

Charrue du Moyen Age.
d'après un manuscrit du milieu du treizième siècle.
(*Bibliothèque nationale.*)

Les faucilles et les serpes étaient de la même forme que celles employées actuellement, à en juger par les représentations qui nous les montrent.

Viollet-le-Duc cite quatre sortes de charrues, d'après des miniatures de manuscrits : « La première a son coutre emmanché à une flèche passant sur l'essieu, la position du coutre est maintenue par deux étais. A l'essieu est attaché un timon avec palonnier auquel sont attelés deux bœufs, tirant non sur un joug, mais à l'aide de colliers. Un cheval est en outre attelé en flèche.

» La seconde paraît posséder un soc avec versoir derrière le coutre. La paire de bœufs est attelée avec des cordes et tire sur des colliers.

» La troisième possède le coutre et le soc avec versoir. C'est un instrument qui ne diffère guère de ceux dont on se servait dans nos campagnes au commencement du siècle. Au moyen de la traverse supérieure percée de plusieurs trous, le coutre peut être incliné plus ou moins : le soc peut s'allonger. La flèche est arrêtée au timon, qui passe sur l'essieu, par un crochet et une cordelle qui empêche le crochet de sortir de son piton dans les cahots.

» La quatrième montre une charrue dont le coutre est fixé, plus ou moins cliné à l'aide de cales, et dont le soc et son versoir sont arrêtés par des chevilles passant dans des douilles; la flèche et l'âge sont à genouil, pour pouvoir tourner facilement, et le tirage sur le palon-

Charrue du Moyen Age, d'après un manuscrit du milieu du treizième siècle.
(*Bibliothèque nationale.*)

---

(1) *Quinte-Curce* français dédié à Charles le Téméraire, Manuscrit de la Bibliothèque nationale.

nier se fait par la chaîne passant sur l'essieu. Ce tirage agit donc juste au-dessus du point de résistance, qui est le coutre : ainsi n'y a-t-il point de force perdue. »

Les fléaux se composaient d'une verge en bois assez grosse attachée au manche à l'aide de deux lanières de cuir formant boucles entre-croisées.

Charrue du Moyen Age, d'après un manuscrit de la bibliothèque du Séminaire de Soissons, intitulé *les Miracles de la Vierge* (commencement du quatorzième siècle).

Les vans étaient en osier, en forme de coquille.

Pour transporter leurs récoltes, les paysans avaient des hottes à dossier et sans dossier ; des brouettes à roue (à partir du dix-huitième siècle), pareilles aux nôtres, des civières à brancards et des chariots en bois ou en vannerie.

D'après un manuscrit de la Bibliothèque nationale, *Tite Live* français (1480 environ).

A l'intérieur des fermes étaient conservés à l'abri un certain nombre d'objets et d'outils utilisés pour le maniement, la préparation, le mesurage des denrées agricoles, tels que la pelle à blé, un petit moulin à bras, les forces à tondre les animaux, le casier à fromages, des paniers et vases divers, et enfin une balance de bois à plateaux de bois suspendus par trois chaînes et parfois ourlés d'un bord horizontal, sur lesquels on pesait à l'aide de poids en pierre ; des mesures en bois et en poteries.

Dans les potagers entourant leurs fermes et dans les jardins maraîchers aux abords des villes, les vilains entretenaient un certain nombre de légumes et d'arbres fruitiers, dont voici les principaux d'après les auteurs du temps : choux, pois, ail, cerfeuil, citrouille, concombre, courge, cresson, échalote (que les Croisés venaient de rapporter de Palestine), fève, fenouil, laitue, moutarde, navet, oignon, poireau, rhubarbe, sauge, carotte, haricot, persil, romaine, carde, ciboule, lavande, pommier, figuier, cormier, groseillier, néflier, noyer, pêcher, poirier, noisetier, merisier, prunier, etc.

Dans les champs, ils cultivaient surtout le blé et l'épeautre, le seigle, l'orge, le millet, l'avoine, la rave, les fourrages naturels, etc.

Quelques Français avaient rapporté de la conquête de Naples, sous Henri VIII, du plant de mûrier qu'ils logèrent en Provence et en Dauphiné, à Alan, mais cette précieuse culture ne fit pas les progrès qu'on en attendait.

Il semble que ce soit aussi à cette époque que l'on ait importé en Provence et dans le comté de Nice le citronnier et l'oranger, notamment la variété bigarade, et dans les provinces centrales le groseillier à maquereau.

La canne à sucre, introduite seulement à la fin du quatorzième siècle en Syrie par les Arabes, y fut trouvée par les croisés, qui, frappés des précieux avantages de cette culture et de la supériorité du sucre de canne sur le miel, seul usité jusque-là en Europe pour le sucrage des aliments et des boissons, s'empressèrent d'en importer des plants dans notre pays. Des essais importants furent entrepris pour essayer d'acclimater la canne dans les régions les plus chaudes de la France, et, vers 1550, cette culture était devenue un véritable engouement en Provence ; mais, hélas ! les déceptions ne tardèrent pas à survenir, les résultats obtenus furent loin de répondre aux espérances conçues ; les agriculteurs se lassèrent de prodiguer sans profit leur travail et leurs capitaux, et, au bout de quelques années d'efforts infructueux, ils abandonnèrent cette culture. Aujourd'hui, on ne trouve plus en France, même sur la Côte d'azur, au climat si favorisé, que quelques pieds isolés de cannes (*saccharum officinarium*) conservés soigneusement à l'état de curiosité générale.

La Renaissance fut marquée surtout, au point de vue des progrès agricoles, par l'introduction dans nos cultures de plusieurs espèces végétales qui peuvent compter parmi les plus précieuses, et dont le développement a pris, depuis cette époque, une extension considérable.

Louis XII, reprenant des essais jadis tentés sans grand succès, fit venir du Milanais et de la Toscane des mûriers blancs qu'il réussit à multiplier et à propager en Touraine, d'où leur culture s'étendit dans le Bourbonnais et le Languedoc ; mais c'est seulement sous Henri IV qu'elle acquit tout son développement grâce aux efforts d'Olivier de Serres. Olivier de Serres, qui consacra plusieurs écrits, demeurés célèbres, à l'éloge et à la divulgation de cette culture, obtint d'Henri IV que quinze ou vingt mille plants de mûrier fussent plantés aux Tuileries en 1599; que des lettres patentes ordonnassent les fournitures de grandes quantités de plants dans les généralités de Paris, Tours, Orléans et Lyon: il inventa des procédés pour rouir les fibres extraites du mûrier; enfin, soutenu par la confiance du roi qu'il avait su convertir à ses idées sur ce sujet, il ne craignit pas d'engager une lutte énergique avec Sully qui ne partageait pas sa foi

LE BATTAGE
d'après une miniature du *Livre d'heures* de Jean de Montluçon (quinzième siècle).
Bibliothèque de l'Arsenal.

en l'avenir du mûrier et qu'il finit, paraît-il, par convertir, puisque le grand ministre se décida à faire planter lui-même des mûriers dans sa propriété de Rosny-sur-Seine.

C'est aussi au seizième siècle que la betterave, qui croissait spontanément sur les côtes de Provence, où on peut encore la recueillir à l'état sauvage, fut introduite dans les potagers, d'abord comme légume et salade, puis dans les champs comme plante potagère. C'est à ce dernier point de vue qu'Olivier de Serres, le grand agronome, entreprit avec activité d'en propager et étendre la culture. Il en préconisa ardemment l'emploi, exaltant ses qualités nutritives et signalant même la présence du sucre dans sa composition chimique. Il réussit à développer dans des proportions importantes cette nouvelle branche de culture.

C'est encore pendant cette période qu'on importa d'Amérique en Espagne la culture du tabac ; en 1560, Jean Nicot, ambassadeur de François II en Portugal, en apporta une petite quantité à la reine Catherine de Médicis. Le tabac dut à cette double circonstance d'être primitivement désigné chez nous sous les noms de *nicotine* et d'*herbe à la reine*. On l'appela aussi *herbe du grand prieur*, parce qu'un prince de la maison de Lorraine, qui était prieur de France, contribua beaucoup à le mettre à la mode.

Malgré ces progrès et les travaux et recherches d'agronomes et de savants éminents, tels que Bernard Palissy, Olivier de Serres, Laffé-mas, etc., qui contribuèrent à perfectionner certaines méthodes, il ne faudrait pas croire que l'agriculture fut très prospère en France pendant toute la période de la Renaissance. Louis XII encouragea bien les laboureurs et diminua bien le poids des impôts, mais le règne de François 1er fut une calamité pour l'agriculture qui languit ensuite du temps de Catherine de Médicis, et ce n'est que sous Henri IV qu'elle prit un nouvel essor, favorisée haute-ment par le roi et son premier ministre Sully qui disait : « Le labourage et le pâturage sont les mamelles de l'Etat. »

On sait que la pomme de terre fut importée d'Amérique, sous les noms de *papas* ou *camotes*, en 1586, par Fran-çois Drake en Angleterre, et de l'Ecluse en Hollande ; qu'en 1592, Gaspard Bauhin détermina quelques agri-culteurs lyonnais et de la Lorraine à en tenter la cul-

Fléau breton (dix-hui-
tième siècle).
(*Coll. François Carnot.*)

ture, que ces essais eurent un plein succès, mais qu'ils furent bientôt abandonnés parce que le bruit se répan-dit que la pomme de terre était un aliment dangereux : elle recommença au dix-septième siècle à être cultivée en France, mais seule-ment pour servir de nourriture aux porcs et aux bestiaux.

C'est alors aussi que les prairies artificielles, déjà adoptées en Angleterre et en Italie, commencèrent à se répandre en France. La Quintynie expé-rimenta au potager royal de Versailles et fit connaître aux cultivateurs un grand nombre d'espèces ou variétés de légumes et fruits améliorés et ses méthodes de culture, fumure, forçage, greffes perfectionnées, etc. Mais, malgré quelques innovations de second ordre et les efforts individuels de certains agro-nomes, l'agriculture, entravée sous Louis XIV par le dépeuplement des cam-pagnes et par la défense de l'exportation des blés, sous Louis XV par l'admi-nistration de Law, vit son développement arrêté pendant le dix-septième et une partie du dix-huitième siècle.

C'est seulement dans la seconde moitié du dix-huitième siècle qu'elle reprit

son essor; beaucoup de cultures marquèrent des progrès sérieux, le commerce des grains était redevenu libre dans l'intérieur de la France et facilité comme exportation. On s'efforça de remettre en honneur l'agriculture en instituant des fêtes du labourage où le roi conduisait lui-même la charrue, en établissant des primes, des concours annuels, des prix pour les cultivateurs, en créant des écoles spéciales d'art vétérinaire comme celles de Lyon et d'Alfort, en supprimant la corvée et en exemptant d'impôts les nouveaux défrichements : enfin en aidant, en encourageant les efforts des savants et des agronomes distingués dont les noms jettent un éclat sur cette période : Duhamel du Monceau, Buffon, Guéneau de Montbéliard, l'abbé Rozier, Léger, l'abbé Bexon, de Jussieu, etc.

Les méthodes de culture furent profondément modifiées en France par la généralisation de la mise en pratique des théories sur l'assolement des terres, mise en évidence par Jethro Tull et John Sinclair, adoptée, préconisée et répandue avec ardeur par les économistes français. Diverses variétés nouvelles de betteraves et autres plantes plus productives que les anciennes furent introduites dans nos cultures; la pomme de terre, qui était encore une rareté en 1763, grâce aux efforts de Parmentier et à la protection que lui accordèrent Louis XV et Louis XVI finit par être adoptée dans l'alimentation française, et sa culture prit une extension qui n'a fait que croître depuis avec la découverte de son emploi dans la féculerie et la distillerie; l'outillage, de son côté, reçut un certain nombre de perfectionnements, parmi lesquels on peut citer l'invention d'une batteuse mécanique formée de fléaux conjugués, que décrit de Planazu.

La Révolution acheva de faire disparaître tous les assujettissements qui devaient entraver l'agriculture, et les cahiers généraux mentionnent un grand nombre de revendications des paysans qui reçurent à peu près toutes satisfactions.

Les agitations politiques ne profitèrent sans doute guère à l'agriculture, mais cependant elle bénéficia jusqu'à un certain point des difficultés que notre situation démocratique créa vis-à-vis des puissances monarchiques. C'est, en effet, sous l'influence des nécessités de trouver des ressources autochtones nouvelles, par suite de l'isolement où nous plaçait la coalition contre nous de toutes les puissances étrangères qui nous barraient les mers, qu'on découvrit les procédés pratiques pour suppléer au sucre de canne par celui de la betterave, ce qui amena une extension considérable de culture de cette racine, et lorsqu'à la Révolution eut succédé l'Empire, la création de plusieurs écoles de culture spéciale et de raffinerie.

Ce fut du reste l'époque de naissance des grands progrès scientifiques de toutes sortes, mécanique, chimie, physique, zootechnie, qui ont été la marque caractéristique du dix-neuvième siècle et ont transformé complètement l'agriculture à tous les points de vue.

Nous ne voulons pas suivre ici toutes les découvertes et tous les perfectionnements successifs qui témoignèrent en notre temps du génie des savants et dont l'histoire détaillée a été déjà tracée maintes fois, mais nous ne pouvons omettre de rappeler que c'est du commencement de ce siècle que date l'adoption des machines et outils agricoles vraiment rationnels et scientifiques, comme la charrue de Mathieu de Dombasles et ses autres inventions; les essais de batteuses mécaniques qui précédèrent celle, classique, de Renaud et Lotz; les semoirs à brouettes et autres qui amenèrent Hugues à construire son remarquable semoir à graines de betteraves, etc.; les mémorables études sur les engrais et la chimie organique des Lavoisier, des Deyeux, des Gay-Lussac, des Chaptal, suivis des Payen, des Berthelot, des Pelouze, etc.; les habiles expériences et études horticoles qui amenèrent les Vilmorin, les de Commerell et d'autres à créer des variétés nouvelles de plantes agricoles et à sélectionner leurs semences; enfin l'introduction dans nos troupeaux du sang des races les plus méritantes de chevaux, bœufs, moutons, porcs, etc., des pays étrangers.

La mise en sac, d'après une miniature d'un psautier du treizième siècle.
(*Bibliothèque nationale.*)

Amorini vinajoli. — *Casa dei Vettii*. Pompeï.

VITICULTURE

« Les Gaulois riches, nous dit Diodore, buvaient presque toujours pur du vin qu'ils faisaient venir d'Italie, ou de Marseille, la seule cité voisine de la partie de la Gaule où la vigne fût alors cultivée. »

En effet, les Gaulois des autres régions ne connaissaient pas la vigne, ainsi qu'il résulte d'un autre passage du même auteur où il est dit :

« Les Galates ont un amour immodéré du vin ; aussi beaucoup de marchands d'Italie, poussés par leur habituelle cupidité, voient-ils une bonne source de profits dans cet état de choses : par bateaux sur les fleuves navigables ou par voitures dans les pays de plaine, ils leur amènent du vin qu'ils leur vendent un prix effroyable, donnant une cruche de vin pour un jeune garçon, et recevant en échange de la boisson celui qui la sert. »

Cette passion du vin chez nos ancêtres, constatée également par Timagène et par Cicéron, eut même de graves conséquences au point de vue politique, car Denys d'Halicarnasse nous raconte que c'est à elle qu'il faut attribuer l'invasion des Celtes en Italie.

Il nous dit qu'un Tyrrhène, Arronte, ayant dû quitter son pays à la suite de malheurs conjugaux, eut l'idée de se rendre en Gaule avec ses chariots chargés de vin et d'huile qu'il vendit aux habitants. Ils trouvèrent le vin italien si bon que, transportés du désir et de la volupté d'en boire, ils écoutèrent d'une oreille prévenue les propos que leur tint Arronte, qui leur raconta que la contrée qui produisait ces fruits était vaste, excellente, qu'elle n'était guère peuplée et que, pour les choses de la guerre, les hommes qui l'habitaient ne valaient pas mieux que les femmes; il leur suggéra de ne plus se procurer ces denrées en les achetant, mais de chasser du pays ceux qui en étaient les maîtres et d'en recueillir les fruits comme étant leur propriété. Les Celtes crurent ses paroles; ils passèrent en Italie et, parmi les Tyrrhènes, attaquèrent ceux qu'on appelait Clausins, peuple auquel appartenait leur donneur de conseils.

A la suite de cette campagne, ils rapportèrent des plants de vignes d'Italie, qu'ils introduisirent dans les parties les plus favorables de leur territoire. La vigne était cultivée en Gaule proprement dite, en ceps et non sur arbres comme en Italie; il est probable que les régions de la Gaule Cisalpine, et par suite celle de la Gaule Transalpine limitrophe, avaient adopté la méthode italienne qui subsiste encore de nos jours dans nos Alpes.

D'après un auteur ancien, dans le pays des Helviens (Ardèche), les Gaulois avaient sélectionné une vigne, dont la floraison rapide mettait la récolte à l'abri des accidents atmosphériques, et elle se répandit dans toute la Narbonnaise sous le nom de *Narbonnique*.

Il semble que jusqu'au premier siècle avant Jésus-Christ, c'est principalement dans le midi de la Gaule et surtout dans la Narbonnaise que la viticulture fut répandue; en effet, Fonteius, gouverneur des provinces romaines de Gaule à cette époque, a pu prescrire dans la Narbonnaise les impôts suivants sur le vin, qui était par conséquent assez abondant et apprécié pour supporter des contributions élevées : à Toulouse, 4 deniers (3^{fr},20) par amphore, soit 12 francs par hectolitre; à Crodunum (Rodez), 3 deniers (2^{fr},40) par amphore (9 francs l'hectolitre); à Vulcale, 2 deniers et demi par amphore (7 francs par hectolitre); à Cobiomachus (Bram, Aude), entre Toulouse et Narbonne, les voituriers qui gagnaient la Gaule indépendante devaient payer 6 deniers (4^{fr},80) par amphore, soit 18 francs par hectolitre. Ce qui prouve que l'exportation du vin chez nos ancêtres avait une réelle importance et qu'ils le payaient encore à des prix élevés.

Pline, au premier siècle de l'ère chrétienne, signalait longuement les vins de la Narbonnaise, de la Savoie, ceux de la Viennoise (Dauphiné) : « La Viennoise produisait les vins les plus recherchés, préférence que leur valait le goût de poix qu'ils avaient naturellement. » Les vins du Bordelais étaient également très réputés.

Dans la Drôme, on faisait une espèce de *vinum dulce*, vin de paille, avec les raisins conservés très longtemps sur pied après avoir tordu le pédicule de la grappe ou en les faisant sécher sur des tuiles.

Les coteaux de Marseille produisaient deux espèces de vin, dont l'un, *succosum*, très épais, servait aux coupages, mais qui, paraît-il, était détestable.

La renommée du cru de Bacterræ (Béziers) ne s'étendait pas au delà des limites de la Gaule. On assure que, dès cette époque, les vignerons de la Narbonnaise avaient établi une fabrique (*officina*) où ils enfumaient et sophistiquaient leurs vins en y introduisant des herbes et toutes sortes d'ingrédients nuisibles à la santé ; ils ne craignaient même pas d'en altérer le goût en y mêlant de l'aloès, ce qui inspirait, dit un autre auteur, une réelle méfiance aux consommateurs romains.

Cependant la culture de la vigne, à la fin de ce siècle, s'était tellement multipliée que l'empereur Domitien, redoutant l'abandon des cultures de céréales, fit, dit-on, arracher en grand nombre les plants de vigne dans toutes les provinces gauloises viticoles devenues à leur tour provinces romaines.

Mais ces dévastations n'apportèrent qu'un frein momentané à l'essor de la viticulture, et, lorsque Probus eut autorisé la culture libre de la vigne en 282, elle reprit toute son extension. Dès cette époque, d'après divers auteurs, on voyait des pampres verts sur la plupart des collines gauloises ; celles de Bordeaux, de Mâcon, de Cahors, de Dijon, d'Orléans, de Metz, de Chalon-sur-Saône, fournissaient des vins renommés. Ceux de la Narbonnaise avaient encore tant de réputation qu'Ataulf, roi des Goths d'Espagne, a tenté une invasion pour s'emparer des vignobles de cette province.

C'est sans doute peu après que furent plantés les premiers ceps de la Bourgogne, dont les produits étaient exaltés deux siècles plus tard par Eumène, le panégyriste des empereurs.

Les procédés de culture de la vigne à l'époque gallo-romaine semblent avoir été déjà assez perfectionnés, peut-être parce que les premiers vignerons avaient pu s'inspirer de l'expérience de leurs confrères de Grèce, d'Italie et d'Espagne. Pour tailler les vignes, ils se servaient d'une serpette spéciale (*vinitoria*), que Columelle décrit ainsi : « La partie la plus rapprochée du manche et dont le tranchant est droit s'appelle le *couteau*, à cause de sa ressemblance avec cet instrument : on appelle *courbure*, la partie concave ; *scalpel*, le tranchant qui descend de la courbure ; *bec*, la pointe recourbée du tranchant ; *hache*, l'espèce de croissant qui est placé au-dessus du bec, et *glaive*, la pointe horizontale qui se trouve à l'extrémité.

Falx vinitoria.

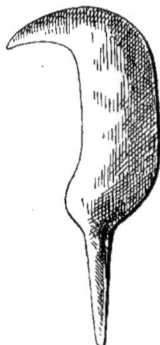

Falx vinitoria.

» Pour le vigneron tant soit peu expérimenté, chacune de ces parties a sa destination particulière. En effet, quand il doit couper en avant des branches qu'il contient de la main, il emploie le couteau; quand il attire à lui, il se sert de la courbure; pour polir une plaie, il se sert du scalpel; le bec lui sert pour creuser; la hache, pour couper en frappant, et le glaive pour nettoyer les endroits qui présentent une certaine profondeur. »

On employait également pour la taille de la vigne une serpe sans hache ni glaive. « Tant que la vigne est jeune et verte, n'en approchez pas le fer, dit Palladius. Lorsque l'on taille un sarment, il faut que l'incision soit faite du côté opposé au bouton de peur que la larme qui en découle ordinairement ne le fasse périr; quand on taille la vigne, il faut lui laisser une quantité de sarments à nourrir proportionnée à sa maigreur ou à sa vigueur. »

L'outillage du vigneron était complété par une petite hache (*dolabella*), dont on se servait pour débarrasser la vigne du bois mort et dégager la terre autour des racines, des houes pour travailler le sol, des plantoirs ou bêches, et enfin par une tarière (T *gallica*) pour greffer les vignes.

Nos ancêtres, en effet, greffaient déjà la vigne afin de conserver et de multiplier les espèces les meilleures, et il semble même, à en juger par le nom donné par les Romains à la tarière spécialement employée à cet effet, que ce soit au génie des Gaulois qu'il faille faire honneur de cette découverte si féconde depuis en résultats précieux. « Pour greffer la vigne, écrit Didyme, faites un trou dans la souche avec une vrille dite gallique, et du cep voisin le plus beau attirez une branche que vous introduirez dans le trou. » Ils employaient aussi d'autres façons de greffer la vigne : lorsque deux ceps étaient contigus, on prenait deux jeunes branches, une sur chacun, que l'on aiguisait obliquement et que l'on attachait ensemble moelle contre moelle, de façon que l'écorce de l'une touchait à celle de l'autre, ou encore, d'après Caton, « on entait la vigne au printemps, ou quand elle était en fleur, on coupait le cep que l'on voulait greffer, puis on le fendait au milieu à travers la moelle et on y insérait la greffe après l'avoir aiguisée par le bout de façon à ce que les moelles se joignent. »

Pour préserver le cep de certains parasites, on le frottait ainsi que le dessous des branches avec un insecticide de l'épaisseur de la glu, composé d'huile, de bitume et de soufre cuits ensemble.

Dans la Narbonnaise, nous apprend Pline, on saupoudrait les raisins qui commençaient à mûrir avec de la poussière qu'on répandait aussi sur le pied des ceps et des arbres, pensant qu'elle hâtait et assurait la maturité des fruits, et d'après les renseignements fournis par Varron, Caton, Palladius, Columelle, la poudre employée se composait probablement d'un mélange de soufre, chaux, plâtre et cendre.

Dans les provinces où les vignes grimpaient au sommet des arbres, la récolte se faisait à l'aide d'échelles; à la main dans celles où on cultivait les ceps en arbustes. On recueillait les grappes dans des paniers et on allait les verser dans de grands bassins de pierre. Là, des vignerons, nus des pieds à la tête, sauf le bas des hanches, qui était bridé d'un petit caleçon aussi court que possible, commençaient à exprimer le vin de cette récolte en la foulant aux pieds.

Un bas-relief trouvé à Dijon nous montre un vendangeur portant du raisin dans une hotte qu'il vide dans un chariot attelé de deux chevaux avec colliers. La caisse de ce chariot est circulaire et paraît faite en osier tressé.

Après le foulage, le marc était porté au pressoir.

Le local, *vinarium*, dans lequel se trouvait le pressoir et tout l'outillage vinaire, variait de grandeur avec les exploitations: Pline estime qu'il fallait disposer d'un pressoir par 20 arpents de vignes, donnant environ 20 culées de vin.

Pressoir d'après une fresque de Pompéi. *Casa dei Vettii.*

Les pressoirs les plus anciennement employés étaient composés simplement d'un bloc de pierre extrêmement lourd qu'on soulevait à l'aide d'un long levier, basculant sur un bloc intermédiaire; pendant qu'il était soulevé, on plaçait un panier d'osier plein de marc gras, ou un cadre de lattes, surmontant une table à rigole et on laissait redescendre la pierre qui, par son poids, achevait de pressurer le marc et faisait sortir le jus au travers des mailles du panier ou des interstices des lattes. D'après un bas-relief qui représente une scène de pressurage, les ouvriers abattaient le levier en le saisissant à même avec les mains, et quelques-uns d'entre eux soutenaient et guidaient la pierre latéralement.

Des esprits ingénieux perfectionnèrent ce pressoir élémentaire. Le nouveau type de pressoir se composait d'un long levier dont une extrémité jouait dans une encoche d'un poteau, ou entre deux poteaux verticaux ou jumelles, et à son autre extrémité étaient attachées des cordes ou des lanières de cuir facilitant la traction; au-dessous du levier était installée une sorte de cadre de pierre pour contenir les raisins qu'on surmontait d'une dalle recevant l'action directe du levier ; grâce à la traction par l'intermédiaire d'une corde, on évitait ainsi la difficulté que devaient avoir les hommes à manœuvrer directement le levier et on rendait la traction plus puissante ; on ne la trouva sans doute pas encore assez énergique, car on l'augmenta en complétant l'appareil à l'aide d'un treuil sur lequel s'enroulait la corde, à mesure qu'on faisait tourner son arbre à l'aide de barres. C'est le pressoir casse-cou, qui a persisté jusqu'à nos jours.

Plus tard, ce pressoir à cabestan fut encore amélioré et transformé ; à la cuve de pierre, fut substituée une maie de bois et on fixa sous la solive, au-dessus de la maie, un plateau de bois (*aera*) épais destiné à comprimer directement le raisin ; pour faciliter le relèvement du levier, on augmenta la hauteur des jumelles guides verticales et on les réunit par un portique solide supportant une poulie ou un moufle, dont la corde attachée au levier l'élevait verticalement lorsqu'on tirait sur son autre bout.

Enfin, à tout ce jeu de cordes et de poulies on substitua une vis fixée verticalement sur pivot libre dans des boîtiers en haut et en bas et passant dans un écrou adhérent au levier, de telle sorte que, lorsqu'à l'aide de barres horizontales on faisait tourner le pas de vis, le levier était forcé de monter ou de descendre ; on pouvait ainsi obtenir une pression considérable. Il a été découvert des débris importants d'un pressoir semblable, à Gragnans (ancienne Strabiæ), d'après lesquels il serait possible d'en faire une restitution précise.

Quelques-uns, dit Pline, « ne mettent qu'un seul arbre au pressoir, mais il vaut mieux en avoir deux, quoique chacun de ces instruments soit fort grand, on considère ici la longueur et non l'épaisseur, car les plus longs sont ceux qui pressent le mieux. Depuis cent ans on a inventé les pressoirs à la grecque, dont l'arbre est à vis ; à cet arbre est attachée la machine appelée *étoile* et qui soutient des quartiers de pierre que l'arbre élève à mesure qu'il s'élève lui-même ».

Le même auteur parle en ces termes d'un dernier perfectionnement apporté de son temps au pressoir :

« Il y a vingt-deux ans qu'on a imaginé d'en construire des petits qui tiennent bien moins de place et dont la vis est au milieu. On met sur le raisin que l'on veut pressurer une sorte de tambour que l'on surcharge le plus qu'il est possible, en y entassant des pierres. »

Mongez, en 1815, et depuis, la plupart des auteurs qui ont écrit sur l'agriculture romaine ont cité et décrit un pressoir d'un tout autre genre, basé sur le principe du serrage à l'aide de coins qui est figuré sur une peinture d'Herculanum et qu'ils pensent avoir été employé pour le pressurage du vin ; s'il en eût été ainsi, il y aurait eu lieu de s'étonner qu'aucun des auteurs anciens qui ont décrit les pressoirs à vin employés de leur temps, ni Caton, ni Pline, ni Varron, ni Columelle, etc., n'aient fait mention d'un instrument aussi remarquable et aussi différent de ceux qu'ils décrivaient. L'explication de ce fait nous est peut-être fournie par les peintures à fresques récemment découvertes à Pompéï, notamment dans la *Casa dei Vettii*, représentant diverses scènes professionnelles dans lesquelles on voit figurer uniquement, au milieu des scènes de vendanges, ce pressoir à treuil que nous avons décrit, tandis que le pressoir à coins est figuré seulement dans une scène représentant des Amours en train de faire de l'huile. Dans ces conditions, nous croyons devoir placer la description de cet appareil dans le chapitre que nous consacrerons à l'histoire des industries oléagineuses.

Outre les pressoirs, le *vinarium* et ses annexes contenaient de grands *dolia* en poteries ou des tonneaux de bois gaulois d'une capacité de 468 litres, les uns posés sur le sol pour les vins faibles, les autres enfoncés en terre pour les vins puissants, des futailles avec couvercles pour mettre le marc, des urnes et des amphores de genets d'Espagne, des entonnoirs, des passoires d'osier, des petits paniers poissés, des couteaux coupe-marc, des pelles, etc.

Avant la pressée, on lavait le pressoir et ses aires ainsi que tous les vases en général avec de l'eau de mer, préférée à l'eau douce quand on l'avait sous la main, puis on tirait le jus de foulage et on l'enfûtait, et on transportait le marc gras sur le pressoir comprenant la plupart du temps des grains écrasés avec leurs rafles, mais parfois les grains seuls, lorsqu'on voulait obtenir le vin *acinatetium* particulièrement apprécié.

La pressée faite, le jus qui en résultait était à son tour versé dans les grands *dolia*, où pendant trente jours on le battait deux fois avec des verges. On le tirait alors au clair après avoir provoqué la limpidité, en y jetant des œufs de pigeons que l'on brassait.

Le marc sortant du pressoir était placé sur des cribles pour achever d'égoutter pendant quelques jours, puis mis en silos et conservé pour servir de nourriture aux bœufs pendant l'hiver, ou utilisé en le mouillant d'eau pour faire de la piquette.

Caton nous apprend que le vin de première vendange servait de boisson aux ouvriers et qu'on mettait le vin doux une fois clair dans des vaisseaux en terre cuite, soit des petits pots grecs, soit des quarteaux ou amphores contenant 52 litres. On en bouchait soigneusement l'ouverture avec un liège couvert ensuite de poix ; ces récipients étaient transportés dans des celliers au rez-de-chaussée ou des caves où se gardait le vin. Les viticulteurs gardaient la lie lorsqu'on vendait le vin, pour en faire une sorte de boisson.

Dans l'énumération de l'outillage viticole, on a pu remarquer qu'il était plusieurs fois question de futailles gauloises en bois ; les Gaulois de la région des Alpes avaient en effet découvert le moyen de faire des récipients en vases cerclés c'est à dire des tonneaux.

L'usage de ces tonneaux s'était répandu au loin dans la Gaule, puisque les habi-

3

tants d'Uxellodunum, assiégés par César, en remplirent de suif et de poix enflammés pour les jeter sur ses soldats. (*César.*)

Les Gaulois avaient des futailles de dimensions variées, depuis les foudres plus grands que des maisons jusqu'aux petites pièces dont il vient d'être fait mention. Ils avaient aussi des futailles de capacité importante pour le transport des vins et dont une seule suffisait à occuper tout un chariot, comme on le voit sur le bas-relief funéraire découvert à Langres ; ces futailles, à en juger par cette sculpture, étaient peu ventrues mais allongées.

Char à transporter le vin, d'après un bas-relief funéraire découvert à Langres.

Les Romains, à la même époque, ne connaissaient encore que les vases en poterie, la *seria* allongée, le large *dolium* ventru, la *lagena* aux vastes panses supportant des anses, et enfin l'*amphore* en terre cuite qui contenait 26 litres 8, et servait de mesure. Pour transporter les liquides, ils se servaient d'outres, usage qui fut du reste accepté et conservé jusqu'à nos jours dans quelques localités de notre territoire.

Pour les livraisons de grosses quantités de liquide on avait imaginé le *culeus;* c'était un sac fort large fait de plusieurs peaux de porcs ou de cuir quelconque de forme cylindrique ; fixé sur la plate-forme d'un chariot munie à la partie supérieure en arrière d'un col, par lequel on introduisait ou soutirait le vin pour le verser dans les amphores et qu'on fermait ensuite en le liant avec une corde.

Le *culeus*, qui contenait 20 amphores, servait aussi de mesure (536 litres) ; on raconte qu'il était aussi utilisé pour un autre et singulier usage, et que les Romains y faisaient coudre les parricides.

Les descriptions qui précèdent s'appliquent aux vins nature, qui, comme on le voit, étaient, quoi qu'on ait dit, en usage chez les Romains, puisque leur préparation est décrite par les auteurs anciens et qu'ils faisaient venir à grands frais des vins également nature de la Gaule et d'autres contrées ; toutefois, il est certain qu'ils avaient une prédilection marquée pour les vins cuits, et qu'une bonne partie du produit des vendanges était préparée en conséquence ; il est probable qu'ils importèrent cet usage au moins dans certaines parties des provinces romaines extérieures, telles que l'Ibérie et la Gaule.

MUSÉE RÉTROSPECTIF DE L'AGRICULTURE
Une vinée en Basse-Bourgogne (dix-huitième siècle).

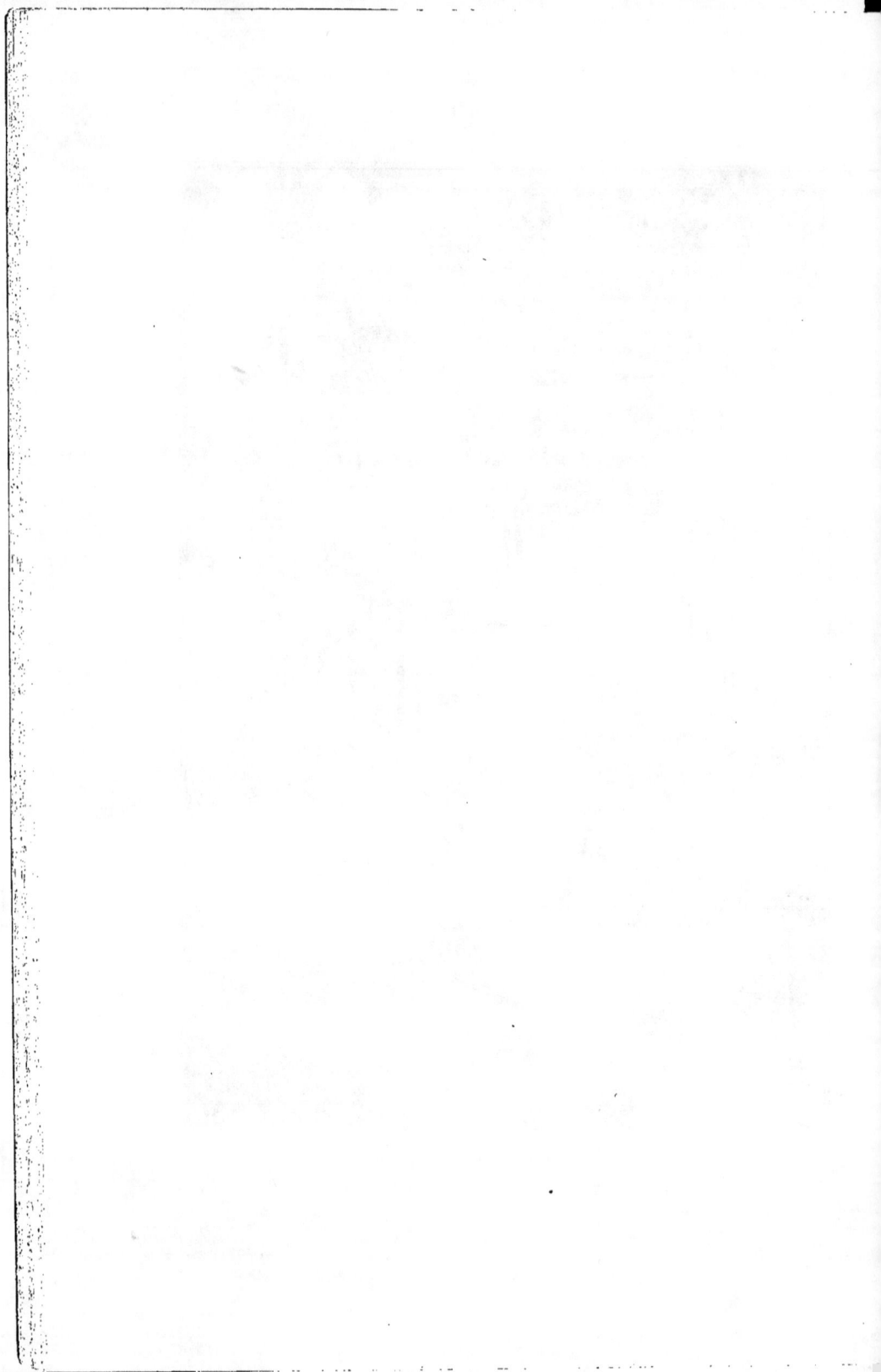

Dans ce but, ils faisaient passer le moût du pressoir dans une chaudière (*cortina*) posée sur un fourneau, pour y être réduit d'un tiers et de la moitié par l'ébullition.

Les Gallo-Romains étaient non seulement des viticulteurs habiles, mais aussi des œnologues ; ils savaient aseptiser leurs futailles avec de la racine d'iris et de mélilot, ce qui donnait au vin un goût qui plaisait à leur palais ; ils corrigeaient la dureté d'un vin en y ajoutant de la farine de lentilles et des petits massepains ; ils enlevaient le goût désagréable d'un vin en trempant dans la futaille une tuile enduite de résine ; pour donner de la solidité au vin, ils y ajoutaient du nard celtique (*valeriane celtica* des Alpes et du Dauphiné) ; pour vieillir un vin nouveau, ils y infusaient un mélange de mélilot, de valériane celtique et de réglisse ; pour conserver toute l'année un vin doux, ils le faisaient tremper au fond d'un réservoir d'eau pendant trente jours dans une amphore dont le bouchon était enduit de poix ; pour connaître la durée probable du vin, on en mêlait une petite quantité dans un gobelet avec de la vieille farine de gruau, on le faisait cuire dans deux ou trois bouillons, on filtrait et on l'exposait à l'air ; si le lendemain il était bon et pas aigrelet, c'est qu'il serait de bonne durée ; enfin, pour reconnaître la présence de l'eau, on versait du vin soupçonné dans un petit vase de bois de lierre qui avait la propriété de se laisser traverser par le vin et de conserver l'eau.

Pour répondre aux goûts spéciaux des gourmets latins et gaulois, on parfumait certains vins ; ceux de Marseille étaient enfumés à l'âge de deux ou trois ans en les plaçant dans des urnes de terre sur le sol à claire-voie d'un *fumarium* (opération qui les rendait si épais, qu'on ne pouvait les boire qu'en les délayant avec de l'eau chaude) ; les vins du Dauphiné étaient additionnés de poix ; enfin à beaucoup de vins on mêlait de l'anis, de l'hysope, des baies de lentisques, du tamarin, du myrte, de l'absinthe, de la valériane ou de l'aloès.

En outre, dans le but de modifier la qualité du vin, on le plâtrait avec de la craie ou du marbre pulvérisé ou on y jetait du goudron ou de la cendre.

Enfin on fabriquait, pour être servi avant le repas, un mélange de vin cuit et de miel qu'on appelait *mulsum* ou *medum*.

L'arrivée des Burgondes et des Goths ne changea rien à l'état social en Gaule, ils s'approprièrent l'organisation gallo-romaine.

« Les Francs, dont les mœurs, dit Eusèbe, étaient celles de vraies bêtes féroces puisqu'ils cherchaient sans cesse à guerroyer quand ils ne se battaient pas, se livraient à des orgies de viande et de bière : on leur servait des bœufs, des daims et des sangliers tout entiers, et à la fin des repas ils renvoyaient les femmes et épuisaient les tonnes de bière préalablement rangées dans la pièce du festin. Ils ne s'occupèrent pas de la viticulture, ayant la bière en prédilection. »

Sans tomber complètement en désuétude, l'usage de la bière finit cependant par se partager avec celui du vin la faveur du public, et nous voyons à l'époque des Mérovingiens ces derniers être l'objet de recherches et de distinction entre les crus, ce qui prouve complètement l'importance que les gourmets attachaient à leur choix. Les vins de Bourgogne étaient choisis de préférence, exclusivement à tous autres, pour le sacre des rois à Reims, bien que ceux de Reims fussent déjà très estimés ; Grégoire de Tours vante particulièrement ceux de Mâcon et de Dijon. Plus tard, dans les banquets, disent les historiens, ruisselaient à la fois les boissons du Nord et du Midi, le vin cuit ou préparé (*medum* et *falerne*), les vins naturels d'Auvergne et de Champagne, l'Hypocras et des liqueurs variées.

Ce n'était pas seulement chez les grands personnages qu'on abusait ainsi des liquides alcooliques, et les paysans de leur côté s'adonnaient chez eux ou dans les tavernes à des libations de liquides qui, pour être moins coûteux, n'en étaient pas moins capables de provoquer l'ivresse : bière commune, vin sans valeur, etc.

Et ces habitudes ne justifiaient que trop la réputation d'ivrognerie acquise à nos pères du neuvième siècle, ce qui contraignit l'empereur Charlemagne à édicter des peines sévères pour tâcher d'en amener la répression et à s'imposer à lui-même, à titre d'exemple, de ne jamais vider que trois fois son hanap pendant ses repas.

Les moines et religieux n'étaient pas moins intempérants que les laïques, mais certains prélats semblent avoir apporté plus de raffinement et de délicatesse dans le choix de leurs boissons : c'est ainsi que Pardule, évêque de Laon, écrivant à Hincmar, archevêque de Reims, lui recommande les vins de Champagne nature (les seuls en usage encore à cette époque), en s'appuyant sur des considérations hygiéniques. « Prenez, dit-il, des vins de qualité moyenne qui ne soient ni trop forts ni trop faibles, qui proviennent des flancs des coteaux, et non du sommet des montagnes ou des profondeurs des vallées ; tels sont ceux du mont Eben à Épernay, de Chaumussy, de Milly et de Comicy, dans le Rémois. Quant aux autres, ils sont trop forts ou trop faibles et me paraissent entretenir les humeurs. »

Les vins de l'Orléanais furent honorés de la prédilection des Capétiens. Baldric, poète du onzième siècle, après avoir prôné les vins de l'ancienne Troie, ajoute : « La bachique Préneste ne produit pas d'aussi beaux ceps, et même ce lieu qu'on nomme Rébrechien, aux environs d'Orléans, n'a ni bu, ni versé de pareils vins. » Pourtant, c'étaient ces derniers que le roi Henri Ier portait toujours avec lui, pour marcher avec plus d'ardeur dans ses expéditions.

E. de la Bédollière, dans son *Histoire de la vie privée des Français*, a réuni un grand nombre de documents authentiques qui nous renseignent sur les crus les plus estimés au Moyen Age. Louis le Jeune, occupé à guerroyer en Palestine, écrivait aux régents de France : « Louis, par la grâce de Dieu, roi des Français, duc d'Aquitaine, à ses chers et aimés Suger, abbé de Saint-Denis, et Raoul, comte de Vermandois, salut et grâce, nous exigeons de votre amitié que vous ne refusiez pas de donner à notre ami de cœur, Arnoul, évêque de Lisieux, soixante muids

MUSÉE RÉTROSPECTIF DE L'AGRICULTURE

Garde champêtre de la commune de Montmartre Seine, et barallier du Languedoc.

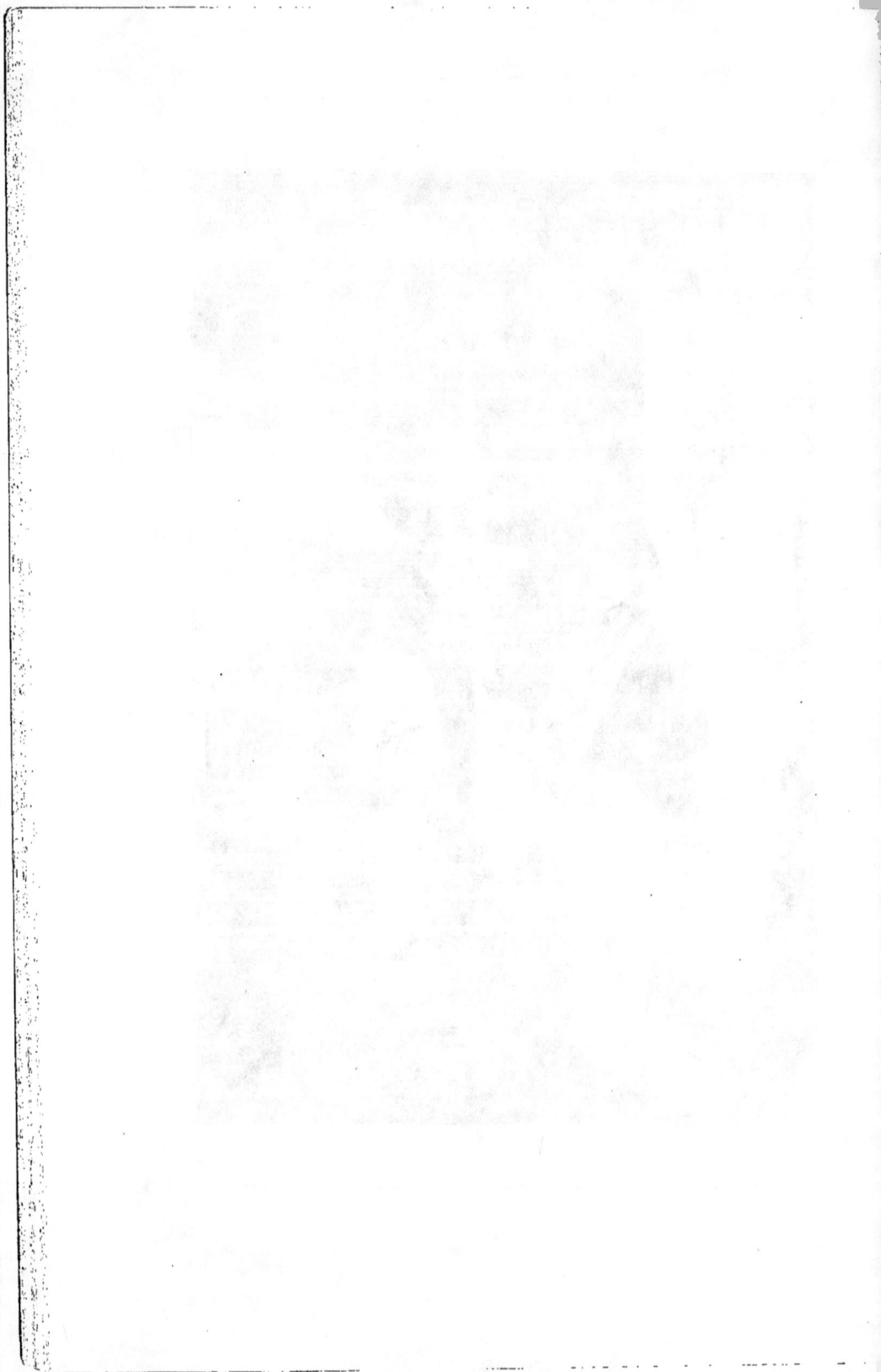

orléanais de mon excellent vin d'Orléans. Portez-vous bien. » Le même prince, en 1160, fait don au chapelain de Saint-Nicolas-du-Palais de six muids de vins du cru des vignes de l'Ile aux Treilles, situées sur l'emplacement actuel de la place Dauphine. Les rois possédaient des vignobles étendus : Philippe-Auguste en avait à Bourges, à Soissons, Compiègne, Laon, Beauvais, Auxerre, Argenteuil, Corbeil, Béthisy, Orléans, Moret, Poissy, Gien, Anet, Verberie, Fontainebleau, Juilly, Sannois, Barecourt, Bois-Commun-en-Gatinois. Les seuls vins de Chalevane (Chavanne, Haute-Saône) lui coûtaient annuellement 100 francs de transport, et le compte de son cellerier de Paris, au terme de la Toussaint de l'an 1217, s'élève pour frais de vendanges, voitures, achats de tonneaux et entretien des celliers, à près de 14500 francs. On trouve en d'autres comptes royaux de la même époque diverses sommes employées à l'acquisition de vins de Laon, de Choisy, de Montargis, de Meulan et de Saint-Césaire.

La vigne avait été cultivée jadis jusque dans les emplacements qui forment le centre de Paris, car, en 1160, Louis le Jeune avait assigné au curé de Saint-Nicolas six muids de vin à prendre annuellement sur les produits d'une pièce de vigne qui était dans les jardins du Louvre.

La Montagne-Sainte-Geneviève et une partie du faubourg Saint-Germain, où sont aujourd'hui Saint-Germain-des-Prés, les rues Saint-André-des-Arts, Serpente et de la Harpe, et le terrain qui est actuellement le jardin du Luxembourg, étaient plantés en vignes.

Aux environs de Paris on citait particulièrement les vignobles et leurs produits de Marly, Argenteuil, Rueil, Suresnes, Montmartre.

Guillaume de Malmesbury, dans la *Vie du duc Richard II*, glorifie les vins d'Argentan en Normandie (on n'y fait plus que du cidre).

Un compte royal, de l'an 1200, mentionne une recette de 14 livres pour vente de 12 muids de vin du Bec, et de 12 livres 28 deniers pour vin de Jumièges. Ce dernier, suivant un légendaire, était comparable à l'antique Falerne.

On estimait les crus de l'Auvergne et ceux du Poitou, où l'on fabriqua pour la première fois du vin blanc avec les raisins noirs, en les pressant sans les laisser fermenter.

Guillaume le Breton a fait l'éloge des vins berrichons : « Bacchus inonde de ses faveurs les alentours de Bourges, de Châteauroux et d'Issoudun, tellement qu'on est forcé de transporter beaucoup de leurs vins dans les contrées lointaines. Plus il voyage, plus il acquiert de la force, et, si l'on en boit imprudemment, il enivre tous ceux qui dédaignent de le mêler avec de l'eau. »

Il dit, au sujet des vins d'Anjou : « A peine pourrait-on trouver une ville plus abondante en vins que celle d'Angers. Dans ses environs, on ne voit que des champs chargés de vignes, qui fournissent à boire aux Normands et aux Bretons, et mettent les seigneurs de ces terres à même de ne jamais manquer d'argent. »

Guillaume le Breton célèbre encore le vin de Sancerre et celui de Beaune-la-Vineuse, « qui dispose les têtes à toutes les fureurs de la guerre ».

Henri d'Andely cite parmi les meilleurs vins de France celui d'Argenteuil. Il avait alors accès sur les meilleures tables. Philippe-Auguste crut récompenser dignement les services de son chancelier Guérin, évêque de Senlis, en lui donnant, l'an 1215, des vignes situées à Argenteuil. Jean Boileau, vicaire de Notre-Dame, avait dans la même localité une vigne étendue qu'il légua aux Chartreux, et ceux-ci par reconnaissance l'enterrèrent dans leur cloître, le 26 juillet 1304.

Le vin de Pierrefitte disputait la palme à l'Argenteuil.

En rapprochant différents passages de la nomenclature œnologique d'Henri d'Andely, on en conclut que pour la plupart des vins le goût n'a point varié depuis cinq siècles. Les Bordeaux de Saint-Emilion, le vin blanc de Moselle, le Champagne d'Hautvillers et d'Epernay, le Tonnerre, le Chablis sont constamment en faveur ; ajoutons que les qualités brillantes des vins de Bourgogne étaient déjà bien connues, non seulement celles du Tonnerre et du Chablis, mais celles du Beaune, du Pommard, du Volnay, du Nuits, du Chassagne, du Saint-Georges, du Vosne, du Chambertin, du Clos-Vougeot, de la Romanée Conti, du Musigny, du Richebourg, du Meursault et du Montrachet. Les vins de Provins vantés dans un grand nombre de tableaux ont, eux, dégénéré, mais l'on pourrait dire encore proverbialement « les buveurs d'Auxerre », ville dont l'évêque comptait au premier rang de ses revenus ceux de ses vignobles, et surtout du clos qu'on appelait Migraine.

La France, au treizième siècle, produisait plus de vin qu'il ne lui en fallait, et Henri d'Andely nous apprend qu'elle en expédiait en Angleterre, entre autres ceux d'Aunis, de l'Auxerrois, du Poitou, de l'Ile-de-France et de la Guyenne.

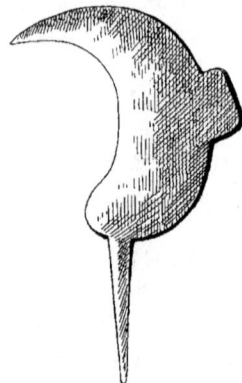

Serpette du Moyen Age, d'après un spécimen trouvé dans le Morvan.

Chaque baron avait sa provision de vin conservée dans des tonneaux, dans des foudres ou des citernes, mais la multiplicité des voyages et des expéditions avait fait imaginer des récipients de transport facile, en cuir rendu imperméable au moyen d'un liniment onctueux : on les nommait boucels, bouchiaux, boutiaux ou bouteilles.

Une charte de 1206 obligeait les tanneurs d'Amiens à fournir à l'évêque, quand il était mandé par l'arrière-banc, deux paires de bouchiaux de cuir bons et souffisans, l'un contenant un muid et l'autre vingt-quatre setiers. Les bouchers de la ville fournissaient la graisse pour enduire la surface extérieure de ses bouchiaux. Ce qui n'était pas nécessaire à la consommation du seigneur,

ainsi que le produit des vignes de ses tenanciers, se débitait dans les tavernes.

On désignait sous le nom de hache l'outil que les vignerons maniaient pour
tailler la vigne, mais en réalité les cultivateurs, pendant le Moyen Age, se servaient de la serpe, comme les Gallo-Romains, pour tailler la vigne et les jeunes
arbres. Parfois, la serpe était munie au dos d'un talon tranchant, sorte de hache
saillante et coupante qui permettait d'user de cet outil comme d'une hachette.

Pressoir de Chenove (Côte-d'Or).
d'après Paul Latour. — *Recherches sur la marche du progrès dans les pressoirs.*

Toutefois, à la fin du treizième siècle, on voit apparaître des serpettes munies au
dos d'un tranchant droit, de revers peu étendu. On a retrouvé un de ces outils
du Moyen Age dans un souterrain d'un vieux donjon du Morvan. Des vitraux de
la cathédrale de Chartres et de celle du Mans montrent des vignerons taillant des
vignes avec ce genre de serpes et des serpes sans talon.

A la même époque remonte le pressoir de Chenove (Côte-d'Or) encore absolu-
ment complet, décrit par M. Paul Latour ; c'est un pressoir formé d'un levier
de onze mètres de long se mouvant entre deux jumelles constituées par de
lourds madriers, retenu à sa base entre deux barres et traversé à son autre
extrémité par une vis mobile enfouie dans le sol, entre un tourillon enclavé
dans un poids de maçonnerie et un trou d'un chevron du plafond ; en faisant
tourner cette vis à l'aide de barres, on faisait remonter ou baisser le levier qui
pouvait ainsi comprimer le plateau placé entre lui et la maie.

On a aussi retrouvé en Bourgogne les traces de pressoirs encore plus primitifs
et dont on ne connaît pas l'âge d'une manière positive, où la pesée était produite
également par un long levier, mais dont la base jouait non plus entre les montants

d'une jumelle mais dans les trous superposés le long des parois d'une muraille d'une grossière charpente.

Les pressoirs du Moyen Age sont rarement représentés, dans les miniatures ou sculptures de cette époque, d'une manière assez précise pour qu'on puisse se rendre compte exactement de divers autres systèmes alors en usage; cependant un manuscrit de l'Apocalypse de saint Jean, qui faisait partie de la belle bibliothèque de M. Delessert, contenait une peinture montrant le dessin assez détaillé d'un pressoir pour que Viollet-le-Duc ait pu, d'après elle, en dessiner et écrire une restitution à peu près complète. Ce pressoir se composait de deux grosses vis de bois traversant librement le plateau et fixées en bas dans la

Pressoir du Moyen Age, d'après l'*Apocalypse de saint Jean.*
(*Manuscrit de la Bibliothèque nationale.*)

table, en haut dans la charpente; chacune d'elles était munie d'un large écrou en bois placé au-dessous du plateau et qu'on pouvait faire tourner à l'aide de barres. En faisant tourner dans un sens ces deux écrous engagés dans les pas de vis, ils s'élevaient et on pouvait soulever le plateau assez pour introduire en dessous, entre lui et la table, le sac de marc; puis, en faisant tourner les écrous dans l'autre sens, on exerçait sur ce plateau une pression puissante qui produisait l'écrasement.

Un autre pressoir à deux vis du même genre est représenté sur une miniature reproduite par M. Grésy d'une bible historiale du quinzième siècle.

Peut-être le pressoir à cônes de Mazerotte (Côte-d'Or), que décrit ainsi M. Latour, remonte-t-il également au moyen âge : une pièce de bois joue entre deux doubles colonnes percées de mortaises destinées à recevoir des traverses ou chandelles. Entre la pièce de bois et la chandelle on introduit un coin (deux au besoin), sur lequel on frappe à coup de massue. Quand la pièce de bois est arrivée à la mortaise immédiatement inférieure, on change la chandelle de compartiment et l'on reprend la manœuvre des coins.

A la Renaissance, les vignes françaises subirent bien des vicissitudes, malgré l'honneur dans lequel on tenait leurs produits; Charles IX fit détruire une partie des cépages, surtout en Guyenne, et plus tard Henri III, quoique annulant cette injonction draconienne, recommanda aux gouverneurs des provinces d'empêcher l'extension de cette culture dans le cas où elle serait préjudiciable au développement de celle du froment.

Les viticulteurs cultivaient une certaine quantité de variétés de vigne; Liebau en comptait 19 sortes, et Olivier de Serres, beaucoup plus.

Pressoir ancien de Mazerotte (Côte-d'Or).

Les procédés de culture étaient les mêmes qu'aux temps précédents et, comme autrefois, subissaient trop souvent l'influence des idées superstitieuses et alchi-

Pressoir ancien du Morvan.

miques répandues dans les campagnes; c'est ainsi que la plupart des travaux étaient guidés par l'idée des influences astrologiques, et que, pour remédier aux maladies de la plante, on n'hésitait pas à lui appliquer des remèdes plus ou moins empiriques et étranges : par exemple, à arroser dans certains cas les ceps avec des drogues purgatives.

Cependant certaines opérations culturales étaient inspirées par des vues plus rationnelles; ainsi on usait assez largement du greffage dans les vignobles afin de multiplier la bonne espèce, « l'utilité d'enter la vigne, disait Olivier de Serres, est que par là les ceps de mauvaises natures ou de peu de rapport qu'ils sont deviennent dans peu de temps bonne et fertile race ».

L'outillage des chais était aussi perfectionné, cependant les pressoirs en usage étaient toujours les mêmes qu'aux siècles précédents. On se servait même encore chez les vignerons peu fortunés d'un type de pressoir à levier bien rustique, où les jumelles servant de maintien et point d'appui à la base du levier étaient remplacées tout simplement par une grosse branche d'arbre fourchue formant un arc ogival naturel, et où la traction sur l'autre extrémité se faisait à l'aide d'une corde s'enroulant sur un treuil agencé entre les deux madriers de base qu'on faisait tourner à l'aide de barres mobiles, comme il en existe encore dans quelques très pauvres exploitations du fond du Morvan. Mais, chez les propriétaires plus riches, on se servait du pressoir à vis représenté sur le frontispice du livre de J. Dintras, *le Pressoir mystique de l'âme* (1609). Ce pressoir se composait d'une maie à cuvette circulaire, prise entre deux montants, que réunissait une traverse en

Pressoir à vis et à tambour, d'après le frontispice
du *Pressoir mystique de l'âme*;
par Jean Dintras, 1609.

bois; dans cette traverse, au centre, un trou fileté laissait passer une grosse vis qui s'adaptait au plateau par un joint la laissant tourner librement; ce plateau horizontal glissait le long des madriers, enclavé dans des encoches disposées de chaque côté, de telle sorte que, lorsque la vis montait ou descendait, il suivait son mouvement tout en conservant sa position horizontale; la vis elle-même, immédiatement au-dessus du plateau, était entourée d'un tambour formant corps avec elle et muni sur toute la circonférence de barrettes laissant entre elles des intervalles qui constituaient des trous où il était facile de loger l'extrémité de barres mobiles; deux hommes, introduisant les barres dans ces ouvertures, pouvaient ainsi faire tourner aisément le tambour et sa vis dans un sens ou un autre, suivant qu'ils voulaient faire relever ou abaisser le plateau et obtenir une pression plus ou moins forte sur le marc introduit au-dessous. Chez certains, comme ceux du Clos-Vougeot, on préférait les pressoirs à levier à ceux à vis, et on avait construit des pressoirs analogues à celui de Chenove, mais plus parfaits et plus compliqués comme charpente, dont le levier était formé de six poutres assemblées pour avoir plus de

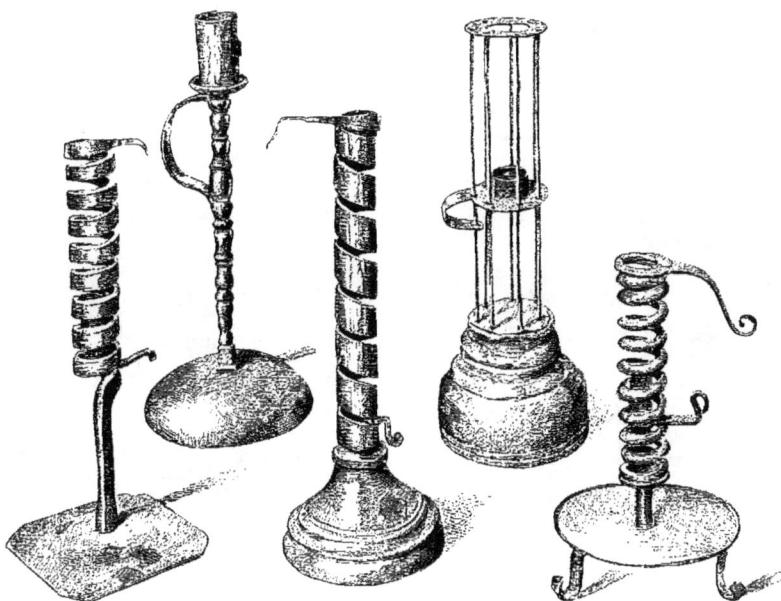

Chandeliers de cave. (Collection Lacoste.)

force et dont la vis terminale formant cabestan tournait librement sur un pivot fixe.

L'art de conserver les vins était bien imparfait en 1650, car Labruyère Champier cite comme une merveille que des vins de Bourgogne se soient gardés six ans.

Parmi les procédés œnologiques de cette époque, on mentionne la fabrication du rapé, le sucrage du vin dans certains cantons du Bordelais et l'invention des foudres en maçonnerie.

Comme qualité, les vins de l'Ile-de-France avaient perdu leur vogue; cependant on cite toujours l'amour qu'Henri IV affichait pour le vin de Suresnes (il est vrai qu'on a contesté cette attribution et qu'on a dit qu'il s'agissait du vin du

plant appelé Suren en Touraine; ce roi possédait en effet un clos dans le Vendô-
mois, qu'on appelle encore « clos de Henri IV », où était cultivé ce cépage dont il
faisait venir le produit à la cour. Le vignoble de Coucy, en Picardie, planté par
les ordres de François Ier, était considéré comme le plus précieux par ses produits
qu'on réservait au roi. On vantait aussi les vins de Bordeaux, de Graves, de
Toulouse, de Loudun en Languedoc, de Gaillac, de Rabastens, de Nérac, de
Lambras, de Cornas en Vivarais, de Joyeuse, de Largentière, de Montréal, de
Beaune, d'Arbois, d'Orléans, d'Angers, d'Aunis, etc. On estimait aussi les friands
vins clairets de Castelnau, de Banyols, de Canteperdrix près de Beaucaire, de
Montélimar, de Villeneuve-de-Berg, de Tournon, d'Ay, de La Rochelle, les
muscats et blanquettes de Frontignan et Miraveau, et Rabelais nous a dit en
quelle estime on tenait les vins de Chinon et autres lieux tourangeaux.

Pressoir de *la Maison rustique* de Liger.

A partir du dix-septième siècle la vogue semble se prononcer définitivement en
faveur du système des pressoirs à vis agissant directement sur le plateau.

On ne cite plus de pressoirs à coins ; sans doute on utilise encore les pressoirs
à levier existants, on en construit même des neufs, en leur apportant quelques
améliorations, comme ceux qu'on montre dans les celliers du Clos-Vougeot, en
remplaçant les barres du cabestan vertical du type Chenove, qui faisait tourner la
vis de rappel, et présentait des dangers, par une roue horizontale mue directement
avec une corde, mais les efforts et l'ingéniosité des inventeurs se concentrent
presque uniquement sur le perfectionnement du pressoir à vis.

Afin de faciliter le travail des ouvriers et d'obtenir une plus grande puissance
de pression, on eut d'abord l'idée de substituer à la lanterne terminant la vis et
tournant à l'aide de barres que nous avons décrite d'après le pressoir représenté

dans l'ouvrage de J. Dintras, une large roue à gorge autour de laquelle s'enroulait une corde dont l'extrémité était fixée sur le cylindre d'un cabestan vertical placé à quelque distance et qu'on faisait tourner à l'aide d'une roue. Ce système ne dut pas avoir la puissance de pression qu'on en espérait, et, pour l'obtenir et faciliter le travail, on eut l'idée de supprimer le cabestan vertical et de le remplacer par une roue fixée verticalement contre le mur et dont l'axe faisait tourner l'arbre

d'un long treuil horizontal ; lorsqu'on avait abaissé la vis le plus possible en faisant tourner à la main la roue à gorge montée sur la vis, on attachait à la jante de cette roue une corde dont l'autre bout était fixé sur l'arbre du treuil, pour qu'elle pût s'enrouler dessus, et on faisait évoluer celui-ci à l'aide de

Pressoir à roues (Bourgogne).

la grande roue ; on exerçait un tirage latéral sur la roue de la vis et on la faisait tourner et descendre. Pour que la grande roue pût être manœuvrée avec force et sans trop de difficulté, on garnissait la jante d'échelons sur lesquels montait un homme pour que son poids fît pression, tandis qu'un autre ouvrier placé en face, de l'autre côté de la roue, en saisissait les échelons afin de les retenir dans leur mouvement et d'empêcher que le grimpeur pût être entraîné dans un sens ou dans l'autre. Parfois cette grande roue était remplacée par une sorte de large tambour à échelons intérieurs (dans le genre des anciennes roues à punition du bagne de Toulon), dans lequel se plaçait l'ouvrier et qu'il faisait tourner à la façon des écureuils.

Le progrès ne s'arrêta pas là et on imagina les pressoirs à engrenages de bois, dont nous possédions un très intéressant spécimen datant du dix-huitième siècle, trouvé par M. Landrin à Pontaubert. Dans ces pressoirs, la grande roue verticale actionnait la vis par l'intermédiaire d'une série d'engrenages grossiers taillés en bois de peuplier.

Ce n'est que plus tard que les vis et engrenages en fer furent substitués aux

4

mécanismes de bois et que les charpentes furent simplifiées et diminuées. Une fois les constructeurs entrés dans cette voie, ils apportèrent à leurs machines les améliorations successives qui les amenèrent aux pressoirs modernes.

Les vins en vogue au dix-septième siècle et au commencement du dix-huitième étaient surtout ceux de la Champagne et de la Bourgogne ; c'était ceux de Champagne que l'on servait sur la table de Louis XIV jusqu'à l'époque où Fagon les lui interdit et où il dut les remplacer par ceux d'Auxerre. Un moment, il s'éleva entre les deux provinces, au sujet de la prééminence de leur cru, une dispute qui provoqua de part et d'autre la publication d'innombrables mémoires et même des procès qui durèrent plus de trente ans. Ce fut Beaune qui prit l'initiative de cette polémique, Reims répliqua, Auxerre et Joigny intervinrent à leur tour ; requêtes, défenses, plaidoyers, expertises, consultations médicales se succédèrent longtemps sans interruption et bien entendu sans amener aucune solution. Les moines mêmes s'en mêlèrent, et les Cisterciens du Clos-Vougeot livrèrent leur admirable vin au commerce pour en faire apprécier la valeur, tandis qu'en Champagne les Bénédictins d'Hautvilliers consacraient leurs efforts à perfectionner les produits de leur cru.

Mécanisme d'un pressoir à engrenages en bois, XVIIᵉ siècle (Basse-Bourgogne).

Ce fut vers la fin du dix-septième siècle que le procureur de cette abbaye, le Père Pérignon, dégustateur émérite et grand amateur de vins, chargé du soin des vignes d'Hautvilliers, inventa le procédé pour rendre mousseux le vin blanc, qui se divulgua et se vulgarisa dans toute la région de Sillery, d'Ay, de Reims et d'Epernay et fut perfectionné par l'abbé Gobinet, chanoine de Reims. Cette découverte fut la base de la puissante industrie qui devait répandre si rapidement et si extraordinairement ses produits dans le monde entier, et faire la fortune du pays qui l'avait vue naître.

A peine conçu, le champagne mousseux reçut un accueil enthousiaste sur toutes

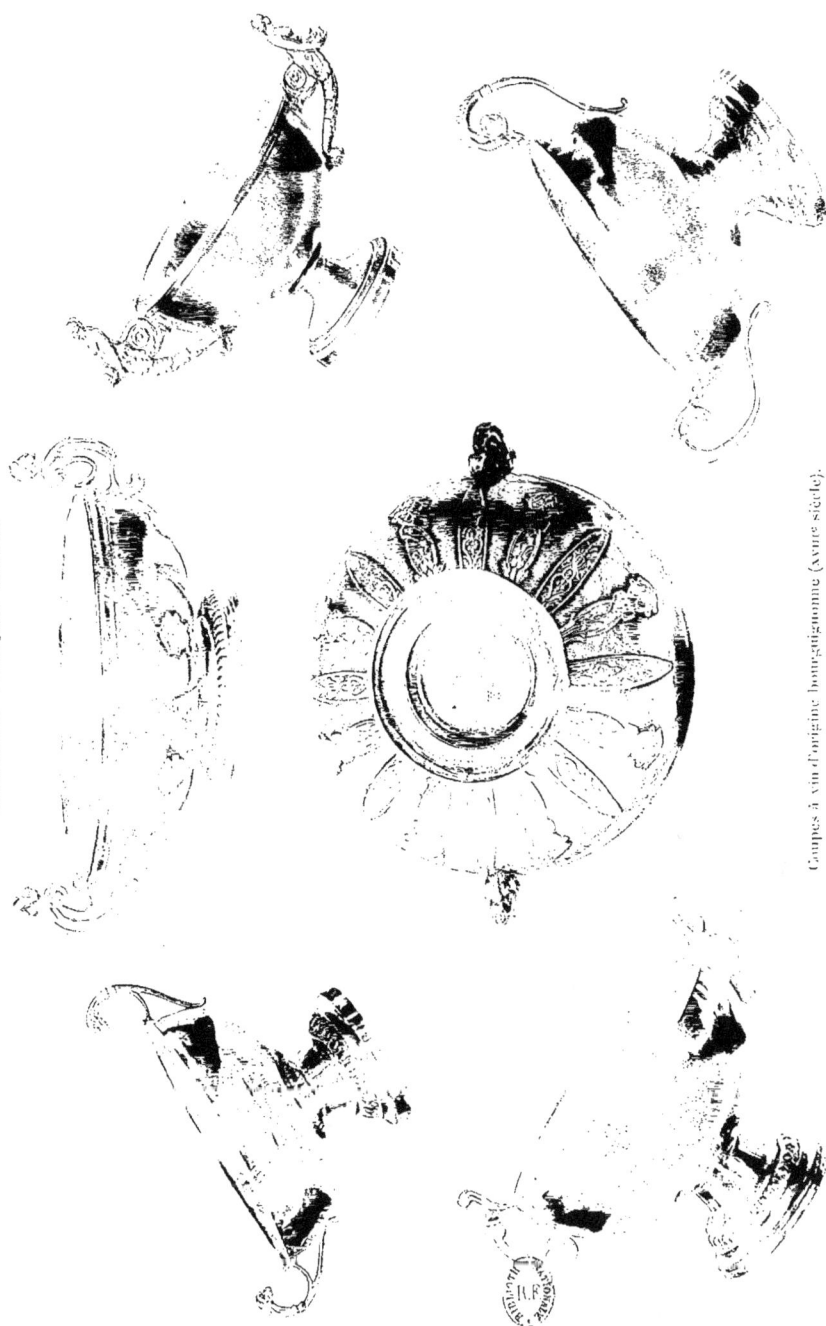

COLLECTION FRANÇOIS CARNOT

Coupes à vin d'origine bourguignonne (XVIIe siècle).

les tables, faisant les délices non seulement du roi Louis XV et de sa cour, mais des convives que les financiers et les riches bourgeois se plaisaient à réunir et à traiter dans leurs folies et leurs vide-bouteilles.

Cette fortune des vins de Champagne mousseux n'empêchait d'ailleurs pas d'apprécier la valeur des admirables crus de nos autres provinces. Les vins de l'Hôtel-Dieu de Beaune, de Chambertin, de Pomard, Corton, etc., atteignaient des prix considérables; d'autre part, le maréchal de Richelieu, gouverneur de Guyenne, appréciateur des trésors du Médoc, en signalait la valeur au roi et lui faisait partager son admiration pour les grands vins du Bordelais.

Auprès d'eux, on fêtait bien d'autres admirables produits de notre viticulture française, le vin de l'Ermitage que célébrait Boileau, les vins d'Arbois et de Seyssel, les vins du Rhin, d'Anjou et de Touraine.

Pour faire honneur aux vins, surtout dans les pays viticoles, on s'efforçait, lors des repas d'apparat, de le servir dans des vases ou récipients, dignes, par leur valeur artistique, de contenir un liquide aussi précieux.

Tasse en bois sculpté (XVIIIᵉ siècle).
(Collection François Carnot.)

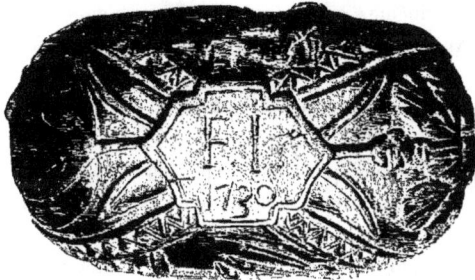

Fond de la même tasse.

Dans les banquets corporatifs, aux repas de noces, on se servait cérémonieusement de coupes, de timbales, de hanaps, affectés spécialement à cet usage et souvent fort beaux. En Bourgogne, on conserve encore dans quelques familles (comme la famille Carnot qui avait bien voulu nous prêter ces précieuses reliques) d'élégantes coupes en orfèvrerie d'argent ciselé et ouvragé, d'assez grandes dimensions, et dont on ne se servait que pour boire le vin aux agapes familiales et occasions solennelles ou comme cadeaux de mariage.

Pour les circonstances moindres, pour les voyages, pour la dégustation des vins au cellier, lorsqu'on allait choisir une futaille d'une cuvée renommée, on avait des petites tasses portatives parfois en écaille à monture d'argent, comme celle de Lazare Carnot, mais généralement en argent, munies d'un anneau pour passer le

doigt, souvent fort jolies, ornées de rinceaux repoussés représentant des grappes ou autres sujets allégoriques, enrichies parfois d'une monnaie ou médaille d'or ou d'argent enchâssée dans le fond, et de dimension telle qu'elles pussent aisément se loger dans le gousset du gilet. L'usage de ces tasses semble remonter au moins à l'époque de Louis XIV, et on en rencontre dans le Beaujolais où sont sertis des louis d'or de ce souverain, et leur commodité ne tarda pas à les faire adopter par tous ceux qui avaient occasion de goûter fréquemment le vin ; les vignerons en possédaient tous au siècle dernier, et les orfèvres avaient fini par combiner leur bos- selage de points et d'ornements de manière à faciliter le plus pos- sible par leur miroitement l'étude de la couleur et de la limpidité du vin.

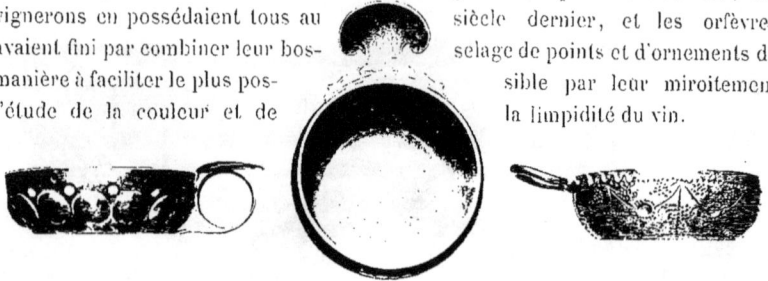

Tasses à vin en argent. (*Collection Bonnemère.*)

Les mêmes coutumes se retrouvent en bien d'autres régions : en Bretagne, en Anjou, où on se servait aussi de tasses à vin en argent, non seulement comme tasses de dégustation, mais encore (certains même disent surtout) comme coupes de luxe que filles et garçons apportaient avec eux aux noces et fêtes où ils étaient invités ; on a pu admirer les superbes séries de ces tasses de toutes époques qu'avaient exposées M. Lionel Bonnemère et le Docteur Fiévé, et constater ce trait particulier que les anses des tasses de ces provinces étaient toujours formées de serpents entrelacés. Dans ces séries on remarquait non sans étonnement quelques modestes tasses en étain, en faïence de Nevers ou en bois : les plus pauvres vignerons, en effet, ne pouvant acheter des tasses en argent, se contentaient de ces tasses de bien moindre valeur, et même en Auvergne, où la pauvreté était plus grande encore, les tasses d'étain, de corne et de bois for- maient la majorité, et on se contentait, comme luxe, de ciseler et orner les tasses de buis, ornements et sculptures souvent fort élégants.

Tasse à vin en faïence.
(*Collection Bonnemère.*)

Brides de mulets à plaques de cuivre ciselé (Auvergne). — Collier de cheval (Flandre) (xviiie siècle).
(*Musée du Trocadéro.*)

ÉLEVAGE

RACE CHEVALINE ET ASINE

Lanterne d'écurie
(Flandre)
(*Musée du Trocadéro.*)

La domestication et l'élevage des animaux comestibles ou de trait ne semble pas remonter très haut dans la période préhistorique.

Les premières traces que l'on retrouve de domestication sont celles du renne par les habitants du sud-est de notre territoire. M. Piette, qu'il faut toujours citer pour ses observations érudites sur la vie des hommes de ces époques, croit que les rennes, dont on retrouve les ossements en si grande abondance dans les refuges les plus anciens, étaient des animaux sauvages; mais ceux qui apparaissent dans les couches de terrain plus récentes de la même période étaient domestiqués, car ils présentent la modification anatomique (notamment la diminution considérable de grandeur des ramures et des os) que les zoologistes ont notée chez les rennes libres et asservis des pays boréaux. Aux premières époques préhistoriques, les chevaux vivaient uniquement à l'état sauvage.

L'homme certainement les chassait pour en manger la chair, la moelle et la cervelle.

L'aspect des ossements recueillis dans diverses fouilles semble l'établir : en effet, ils sont tous rayés par des instruments tranchants et contondants pour en détacher les chairs ; ceux des membres sont brisés de la même façon pour s'en procurer la moelle, et de ceux de la tête il ne subsiste que les parties inférieures parce que les supérieures ont été mises en miettes pour obtenir la cervelle.

Lorsque l'homme tuait un de ces solipèdes, il ne le transportait sans doute pas en entier à sa demeure, il le dépouillait sur place et n'apportait avec lui que la chair, les os des membres et la tête ; les autres parties du squelette ne l'intéressant pas, il les abandonnait, et c'est pourquoi dans les cavernes on ne rencontre que quelques fragments de côtes d'os du bassin, de l'épaule et de quelques vertèbres, et encore celles-ci sont-elles de la partie la plus rapprochée du crâne.

Puis l'homme, capturant les chevaux en abondance, les parqua pour les avoir sous la main pendant les mauvais jours, soit pour servir à sa nourriture, soit pour les employer comme appelants afin d'approcher plus facilement des équidés sauvages ; et ces chevaux, qui devaient se reproduire entre eux et faire souche d'une race moins craintive, lui firent comprendre la possibilité d'en élever des troupeaux. Ce qui le prouve, ainsi que le font remarquer MM. Piette, Piètrement, etc., c'est la quantité d'ossements trouvés à Solutré où tous les os du squelette sont au complet; ils étaient donc abattus sur place ; si on les avait tués à la chasse, on les aurait dépecés pour les rapporter et certains os manqueraient.

L'âne était également connu dès cette époque, mais semble avoir été fort rare; on n'en a retrouvé qu'une seule fois des ossements, et MM. Boucher de Perthes et Samson pensent que c'était un animal amené de loin par quelque émigrant ou trafiquant aryen.

La domestication du cheval vers la fin de l'époque du renne est prouvée par la précieuse découverte de M. Mascareaux, qui trouva dans les grottes de Saint-Michel d'Arudy une sculpture admirable de finesse et d'art, représentant une tête de cheval harnaché d'un licol ouvragé, identique à ceux encore en usage de nos jours.

Pendant cette époque et les âges qui ont suivi, le cheval a continué sans doute à servir surtout de nourriture à l'homme; on ignore s'il avait déjà cherché à utiliser autrement (comme son instinct devait l'y pousser) les bêtes domestiques, ainsi que pourrait le faire supposer l'invention du licol. En tous cas, l'existence de troupeaux de chevaux à l'état sauvage a été encore signalée au premier siècle de l'ère chrétienne dans quelques contrées de l'Espagne citérieure.

Il est toutefois certain que les habitants de la Gaule ont dû de bonne heure s'exercer à l'équitation, car les premiers écrivains constatent que les Gaulois étaient des cavaliers excellents et intrépides, possédant des chevaux supérieurs parce qu'ils avaient perfectionné leurs produits par le croisement : aussi leur cavaleric était-elle renommée et la recherchait-on. Aristote assure que, de son temps, il n'existait pas d'âne en Gaule, mais après lui il en fut importé qui furent appréciés entre autres par les Lygies, dont les mulets appelés *ginnes* étaient réputés. L'industrie mulassière ne fit que prospérer dans la suite et les mules de la vallée du Rhône méritèrent l'honneur que Claudien leur consacrât une de ses épigrammes.

Nos pères étaient trop amoureux de luxe de toute espèce pour ne pas rechercher, même à grand prix, les plus beaux chevaux qu'ils pouvaient se procurer ; cette noble émulation leur était commune avec les Gaulois du Danube, qui avaient laissé dans l'Orient une race si renommée de juments celtiques.

Ces animaux étaient sans doute l'objet de beaucoup de soins, puisque les Romains avaient donné le nom d'un de ces peuples, les *Scordiques,* aux housses dont ils apprirent à couvrir leurs chevaux, faites souvent de simples peaux ou de cuir cru.

En outre, César dans son ouvrage, la *Guerre des Gaules,* nous fait savoir qu'à l'époque de la domination romaine, les Romains prisaient tout spécialement les chevaux à forte corpulence des Trévires habitant les bords du Rhin, parce que ceux-ci étant bons cavaliers faisaient forcément de bons chevaux.

Il est à remarquer par les effigies des monnaies trouvées sur le sol des Gaules, que les graveurs gallo-romains reproduisent presque toujours les formes du cheval belge, facile à distinguer puisque sa tête, dit Samson, ressemble à celle du rhinocéros.

Fouet (Bretagne).
(Musée du Trocadéro.)

Les Gaulois attelaient leurs chevaux ; Hurtius, auteur du VII° livre de la *Guerre des Gaules,* dit que dans les expéditions ils se faisaient toujours suivre d'un grand nombre de chariots ; ils les employaient également comme bêtes de somme. Diodore écrit en effet : « Dans les îles situées entre l'Europe et la Bretagne, les marchands achètent l'étain des indigènes et le font transporter dans la Gaule ; là ils le chargent sur des chevaux et traversent la Gaule à pied dans l'espace de trente jours jusqu'à l'embouchure du Rhône. »

Pour accomplir de si longues étapes, leurs chevaux étaient-ils ferrés ou leurs sabots étaient-ils pourvus de garnitures dans le genre des hipposandales romaines ? M. Pierre Mégnin, qui nous avait confié sa superbe collection de fers, et qui s'est tout spécialement occupé de la question, nous montre que la ferrure du cheval, que l'on croyait d'invention relativement moderne, et apportée par les Barbares qui détruisirent l'empire d'Occident, est beaucoup plus ancienne et remonte en Gaule à trois siècles au moins avant l'ère chrétienne.

En effet, lors des fouilles faites par la Société du Doubs, tant dans le sous-sol de la ville de Besançon qu'à l'emplacement de l'antique Alésia franc-comtoise,

on découvrit, à côté des principales ferrures d'un *essedum* ou char de guerre, le squelette d'un cheval et deux morceaux de fer à cheval en bronze fortement usé en pince ; plusieurs tumuli ont fourni avec des débris d'armes des clous en fer à tête plate sur champ, dite en clef de violon, et servant à attacher le fer du cheval.

Mais la découverte la plus curieuse faite aux fouilles d'Alésia est celle d'un atelier complet de forgeron celtique ; tout autour d'une sorte d'enclume en pierre se trouvaient des ossements d'hommes et de chevaux, une petite lime triangulaire, un fragment de grosse lime plate, un petit ciseau qui devait avoir été enchâssé dans un manche de bois, trois scories de fer uniforme, de petits morceaux de bronze coulé dont l'un est orné de disques pointus exécutés au burin, un gros marteau en fer conservant encore six coins en fer qui avaient servi à consolider le manche, une boucle en fer composée de deux anneaux reliés par une natte de laquelle sort un ardillon, enfin une section de fer à cheval muni d'un clou à tête plate oblongue, puis une lame de couteau en fer qui avait perdu sa pointe.

Fer gaulois.
(Collection Pierre Mégnin.)

Peut-être était-ce un atelier de Druides forgerons? On sait qu'il y avait chez les Gaulois une classe de Druides qui étaient à la fois chirurgiens et forgerons ; ils monopolisaient le travail du fer et opéraient mystérieusement ; c'étaient eux qui ferraient les chevaux, car la ferrure du cheval était beaucoup plus nécessaire en Gaule, pays humide couvert de vastes forêts, qu'en Italie où, l'atmosphère étant plus chaude et plus sèche, la corne du sabot du cheval s'altérait moins. Il faut croire qu'elle s'y altérait cependant par l'usure, puisque les Romains ne se servaient que de mules parce qu'elles ont le sabot beaucoup plus résistant que le cheval.

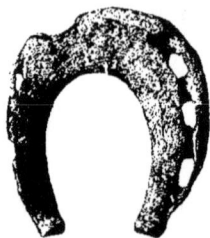

Tous les fers celtiques se ressemblent. Ils sont petits, étroits, constamment percés de six trous ou étampures dont l'ouverture est fortement creusée et de forme longitudinale, pour loger la moitié basilaire de la tête du clou en forme de clef à violon et qui servait en même temps de crampons auxiliaires à ceux des talons qui toutefois n'étaient pas constants. Le peu d'épaisseur et surtout la largeur du fer a toujours

Fer germain.
(Collection Pierre Mégnin.)

fait distendre la matière à chaque coup de marteau frappé sur l'étampe de manière à festonner son bord. Le fer restait festonné parce que, pour conserver à l'étampure toutes ses dimensions calculées pour bien embrasser la tête du clou, l'ouvrier ne repassait pas le fer sur la bigorne. L'épaisseur de ce fer, qui est parfaitement plat sans ajusture et sans pinçon, est de trois à quatre millimètres et son poids est de 90 à 120 grammes. La petite dimension de ce fer indique qu'il était appliqué à de petits chevaux, tout au plus de la taille des chevaux de la Camargue, qui sont les derniers représentants de la race hippique gauloise. Comme ces fers étaient brochés très bas et probablement sur des pieds non parés et à froid, ils ne devaient pas blesser fréquemment les chevaux, mais ils devaient se perdre souvent.

À l'époque de Jules César, la légion romaine ne comprenait que l'infanterie, la cavalerie était constituée par des auxiliaires qui étaient des Gaulois quand Jules César faisait la guerre à Arioviste et au contraire des Germains quand Jules César se battait contre les Gaulois; cela explique que sur les champs de bataille de cette époque on trouve gé-

Fer gallo-romain.
(Collection Pierre Mégnin.)

néralement deux sortes de fers : des fers celtiques et une autre espèce de fers, les fers germains, plus couverts, c'est-à-dire plus larges, non festonnés, attachés par des clous plus petits, plantés dans des trous percés au fond d'une rainure tracée parallèlement au bord externe.

Pendant la période gallo-romaine, le fer à cheval conserva le caractère du fer gaulois, avec des dimensions un peu plus grandes, parce que le cheval avait un peu grandi, comme le prouvent les fers gallo-romains du poids de 180 à 245 grammes, découverts au-dessus de la voie romaine lors des fouilles de Besançon, dont nous avons déjà parlé.

Hipposandale.
(Collection Pierre Mégnin.)

Les Romains, eux, ne connaissaient pas la ferrure à clous; en effet, il n'est question nulle part de fers attachés aux sabots avec des clous, et aucun des vétérinaires du temps qui, comme Végèce, ont laissé des ouvrages très complets sur l'art vétérinaire, ne parle des accidents produits par la ferrure, accidents pourtant inévitables à la suite de son usage, et, au contraire, les historiens rapportent de nombreux faits de blessures prouvant que les chevaux d'armes n'étaient pas ferrés; mais les Romains protégeaient les pieds de leurs mules au moyen de sandales en sparterie (solea spartea); ces sandales en tissus de genets étaient quelquefois garnies d'armatures en métal plus ou moins précieux. Ils défendaient aussi les pieds de leurs bêtes avec des espèces de chaussures de fer (solea ferrea) qui rendaient le même service que les fers à clous, mais en différaient par la forme et par la manière dont elles étaient attachées.

De même que le fer à cheval gaulois, la *solea ferrea* romaine a été mise à jour par les fouilles archéologiques, mais on a été longtemps à reconnaître dans ces pièces biscornues une chaussure de cheval, et encore maintenant des savants d'une grande autorité se refusent à croire que ces pièces attachées aux pieds d'un animal à allures quelque peu rapides puissent y rester quelques instants. Il est certain, en effet, que ces chaussures n'ont pu être affectées qu'à des bêtes de somme ou de trait lent, comme les mules et les bœufs, et que le nom qui leur convient n'est pas celui d'hippo-sandale, mais bien de mulo-sandale ou bo-sandale. Ce dernier nom a été créé par M. Delacroix, qui a trouvé des *solea* en fer s'appliquant exactement aux pieds d'un bœuf et même à un seul de ses ongles.

Mais il n'en est pas moins certain que quelques-unes de ces *solea* s'appliquent parfaitement aux pieds du mulet: d'ailleurs, M. Troyon a trouvé sous les ruines romaines de Granges, dans le canton de Vaud, un squelette de solipède portant près de chaque pied ce genre de sandales, et une autre de ces hippo-sandales a été trouvée aux environs de Tours, sur un chemin de halage de la Loire; en effet, à l'époque gallo-romaine, l'âne semble s'être propagé abondamment en Gaule, les côtes de la Méditerranée produisaient même des mules renommées par leur force et leur obéissance, qu'on achetait en grand nombre pour les transporter en Italie.

L'hippo-sandale n'a donc pas précédé, comme on l'a dit, l'usage du fer à clous, mais a été tout au plus contemporaine et ne remonte pas plus haut que la période gallo-romaine.

Les *solea ferrea* sont de différents modèles; les plus communes ont la forme d'une semelle arrondie, emboîtant le talon et portant à l'arrière et sur les côtés des tenons à crochets ou à anneaux pour la fixation des liens; un trou oblong

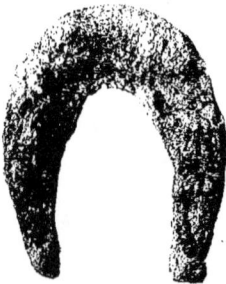

Fer burgonde.
(*Collection Pierre Mégnin.*)

existe au centre de la semelle, tant pour l'aération du pied que pour l'écoulement des liquides qui se seraient introduits dans sa cavité.

Pendant la période franque, les chevaux furent très rares et les chefs seuls étaient montés; cependant l'amour du cheval ne semble pas s'être affaibli à cette époque, puisque les Francs avaient conservé les jeux équestres (*certamina equestria*) qu'ils avaient empruntés à l'antiquité.

On sait peu de chose sur l'élevage du cheval, des races préférées et des procédés de dressage à cette époque; les seuls documents qu'on connaisse sont des fers à chevaux trouvés dans des sépultures en Franche-Comté et en Suisse, mais qui devaient provenir de cavaliers burgondes ; le poids de ces fers recueillis dans un tombeau de guerrier burgonde est de 265 grammes, et le crampon est constitué par un renflement précédant d'un à deux centimètres l'extrémité de la branche, laquelle se trouve être en biseau tranchant. Ces fers n'étaient plus ondulés comme ceux des peuples antérieurs, ils étaient larges, couvrant une partie de la plante du pied, à six clous, non festonnés, et ordinairement creusés d'une rainure plus ou moins profonde, au fond de laquelle étaient percés les trous, de telle sorte que la tête du clou y était presque complètement logée.

Les Gallo-Francs préféraient les chevaux aux voitures.

Les récits du supplice de Brunehaut nous font connaître qu'il devait y avoir encore alors des chevaux sauvages ou à demi sauvages errant dans les forêts.

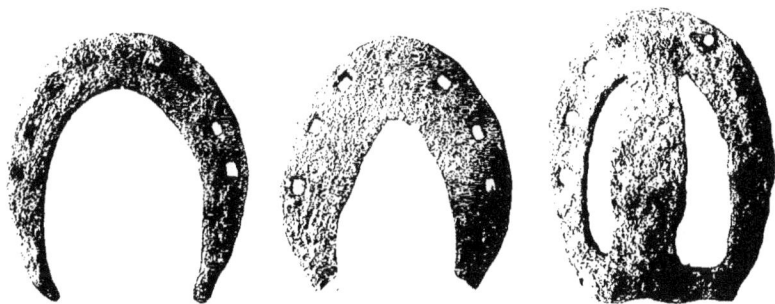

Fers du Moyen Age.
(*Collection Pierre Mégnin.*)

L'âne était aussi élevé avec succès dans diverses provinces, c'était l'humble monture des solitaires : c'était celle de saint Karileff, lorsqu'en se rendant à travers la forêt du Maine au monastère d'Anille, dont il dirigeait l'établissement, il se trouva face à face avec Childebert Ier. Le roi qui chassait s'arrêta, le vénérable cénobite entra en conférence avec lui et le supplia de lui accorder un secours pour achever le couvent en construction. « Je t'accorde en toute propriété, dit Childebert, tout le terrain dont tu pourras faire le tour sur ton âne en un seul jour. »

C'était l'âne aussi qui soutenait les litières des prélats se rendant aux cérémonies religieuses, mais c'était lui également qui portait les faix pour les pauvres gens et qu'on assignait comme monture méprisable au dernier des valets.

L'installation des Normands dans la province française, à laquelle ils ont donné leur nom, y avait introduit au commencement du dixième siècle la race chevaline germanique à tête fortement arquée et busquée. Elle s'y est maintenue longtemps assez pure, et c'est de Normandie que plus tard les chevaliers armés de toutes pièces tirèrent les chevaux forts et agiles qu'ils recherchaient.

« A cette époque aussi, dit de Quatrefages, la race limousine, si intelligente et si souple, fut recherchée comme monture de parade, et eut le privilège de fournir aux nobles châtelaines leurs haquenées les plus élégantes. En même temps, se formait dans le Midi cette race qu'on cherche à rétablir, la race navarrine, qui donne de si beaux chevaux de selle. »

La Franche-Comté et le Bourbonnais produisaient des chevaux de trait fort recherchés pour le service des messageries, et les échangeaient contre les races de luxe sus citées.

Enfin, les bidets (on appelait bidets les chevaux de petite taille, et doubles bidets ceux de taille médiocre au-dessus du bidet), que fournissaient le Roussillon, le pays d'Auch, le Forez, l'Auvergne, la Bourgogne et le Poitou, étaient très appréciés comme chevaux de selle.

Cette extension considérable de l'élevage du cheval, la variété des espèces utilisées pour différents services, les croisements qui étaient tentés dès lors entre différentes races étaient dus surtout à l'initiative des grands vassaux, qui possédaient de grands haras pour la guerre, les tournois et la chasse. Le Moyen Age, en effet, fut l'époque glorieuse par excellence pour le cheval; on sait quel rôle il joua dans toutes les aventures de chevalerie et à quel point le cavalier estimait sa monture; les poètes, les cavaliers nous ont conservé les noms de certaines d'entre elles presque à l'égal de ceux des héros qui les montaient. La gloire la plus prisée par les gens de la noblesse était celle qu'ils pouvaient acquérir dans les tournois.

L'historien Nithard a décrit les divertissements guerriers auxquels se livrèrent Charles le Chauve et Louis le Germanique dans leur entrevue de 842, alors qu'ils organisaient des fêtes équestres avec leurs hommes d'armes, Saxons, Gascons, Austrasiens et Bretons. Plus tard, à la fin du onzième siècle, alors que les hommes se couvraient d'armures impénétrables lorsqu'ils se rendaient aux combats ou dans les tournois, on eut l'idée de couvrir également les chevaux de carapaces protectrices, et on inventa les armures qui les bardaient de fer.

Deux fers authentiques du Moyen Age sont conservés dans la collection de M. de Quiquerez, l'un d'eux présente la particularité d'avoir un fort pinçon en pince que l'on n'avait pas vu encore aux fers des époques précédentes. Les étampures de l'autre se rapprochent de celles du fer gaulois et sont oblongues comme elles, quoique plus nettement rectangulaires; mais les fers ne sont pas ondulés et ont les branches plus larges; ils réunissent les caractères des fers gaulois et des fers germains.

Les fers du Moyen Age sont du reste très variés; nous en avons qui sont découpés dans une plaque de tôle épaisse, et leur vide central représente un V très aigu. Nous en avons d'autres qui sont à double planche longitudinale et ont une transversale soudée en T.

On sait de quelle magnificence furent entourées les fêtes équestres pendant la Renaissance, et on admire dans les œuvres du temps les somptueux harnais, les armures ciselées revêtant les coursiers royaux montés par Louis XII, François Ier, Charles-Quint, Henri II, Henri III. Il est permis de dire que le cheval ne fut guère moins en honneur dans cette période qu'au Moyen Âge.

Cette époque vit les derniers tournois qui, à la suite des accidents survenus aux rois Henri II et Charles IX et des excommunications papales, cessèrent pour être remplacés sous Louis XIII par les spectacles plus pacifiques des carrousels.

Ce fut aussi pendant la Renaissance que semble s'être le plus répandu l'usage des mules; Olivier de Serres en parle ainsi : « Néanmoins, dirais-je, n'estre que le mulet pour porter de grands fardeaux, soit pour le train des princes, soit pour la marchandise. Et ne mettrons-nous pas aussi au premier rang le mulet et la mule pour seurement et doucement porter les hommes, puisque par sur tous autres animaux, ils sont choisis pour ser-

Selle bretonne.
(*Musée du Trocadéro.*)

vir de montures aux papes, cardinaux, évesques, et aux très grands et aisés personnages. »

A cette période, l'élevage du cheval produisait peu et le grand agronome s'en plaint. « Les princes et grands seigneurs, dit-il, en ce royaume ont domestiqué la nourriture des chevaux, si qu'à leur exemple sans hazard en cest endroit celui les pourra imiter qui sera bien pourvu de pasturages. Plusieurs peuples aussi en diverses provinces s'exercent à ce mesnage, en Bourgogne, Normandie, Bretaigne, Auvergne, Poitou et ailleurs; mais en plus grand volume des régions étrangères, car c'est d'Allemagne, d'Angleterre, de Corsègue, de Sardaigne, d'Espagne, de Turquie, de Transylvanie et d'autres terres lointaines dont l'abondance des chevaux vient en ce royaume presque à nostre honte, veu que chez nous en pourrions estre mieux accommodés que ne sommes. » Aussi, très probablement pour remédier à ce fâcheux état de choses, des particuliers installèrent des haras et Vaissette nous cite ceux de Mazères, mais ils ne subsistèrent pas, et Huzard prétend que leur destruction fut l'œuvre de Richelieu dont la politique appela à la cour tous les grands tenanciers. En 1639, on essaya d'organiser une administration royale des haras et Colbert, en 1683, continua cet essai. Liger, en effet, nous apprend qu'à ce moment l'étranger importait encore beaucoup de chevaux en France, des Anglais fort estimés pour la course, des Irlandais recherchés parce qu'ils étaient l'amble, des Roussins de Hollande et d'Allemagne pour les carrosses, et des chevaux de Suisse pour monter la troupe. Les chevaux de Bourgogne étaient bien, dit-il, excellents pour le harnais et le tirage, mais ils manquaient de finesse et étaient sujets à devenir aveugles. Quant aux Bressans, ils avaient bonne grâce sous l'homme parce qu'ils avaient une belle encolure et la tête légère, mais ils n'étaient pas de tirage.

On créa en 1814 un haras au Pin (Orne) et un autre, quarante et un ans après, à Pompadour (Corrèze) ; en outre, on organisa douze dépôts d'étalons et, en 1789, on comptait 3239 étalons dans ces différents établissements.

C'est en 1756 que commencèrent les courses de chevaux ; les premières eurent lieu dans la plaine des Sablons, à Fontainebleau et à Vincennes, mais elles furent supprimées par la Révolution.

Un décret de la Constituante ferma également en 1790 les douze dépôts d'étalons, mais en 1795 on en rouvrit sept, car les dangers de cet état de choses étaient promptement devenus manifestes.

Les décrets impériaux de 1806 et 1809 développèrent ces installations et cette organisation fut maintenue par la Restauration, mais reçut depuis 1831 des modifications qui l'ont entièrement transformée.

Les courses furent favorisées par l'Empire, mais c'est seulement sous la Restauration qu'elles progressèrent grâce à la création de nouveaux hippodromes et à l'établissement de prix décernés par le gouvernement ou par des sociétés d'amateurs.

Grelot de mulet (Velay).
(*Musée du Trocadéro.*)

Joug de bœufs Aveyron.
(Collection Lunet de La Malin.)

RACE BOVINE

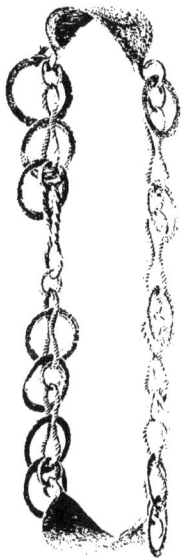

Collier à sonnaille
(Gascogne).
(Musée du Trocadéro)

C'est à la fin de la période du Renne seulement qu'apparaissent, dans les découvertes faites dans nos régions, des traces de la domestication de la race bovine. On a recueilli, en effet, dans des cavernes du sud-est de la France des sculptures représentant des bœufs revêtus d'une couverture et par conséquent ayant reçu les soins de l'homme.

Plus tard, cet élevage semble s'être répandu sur le territoire gaulois. En Gaule, disent les auteurs anciens, les pâturages du pays d'Auge, du Nivernais, du Poitou, de la vallée de la Saône nourrissaient des bœufs indigènes que l'on employait plus spécialement pour les labours, les charrois et les transports. Les taureaux et les bœufs jouaient un rôle important dans les cérémonies de sacrifices aux dieux; ils étaient utilisés par nos pères, non seulement au point de vue comestible, mais aussi comme bêtes de trait, et il est certain que les lourds chariots aux épaisses roues de bois pleines (qui se sont perpétuées jusqu'à nos jours dans le Morvan) ou en bois à peine ajouré des palafittes (comme on en voit des spécimens au Musée de Saint-Germain) étaient traînés uniquement par des bœufs gaulois, qui, dit Varron, étaient « de bons animaux de travail ».

Les statuettes en argile blanche modelées aux environs de Vichy à l'époque gallo-romaine et les bronzes contemporains nous fournissent de nombreux exemples de taureaux, bœufs et vaches élevés en Gaule en ce temps et nous montrent une race puissante et bien établie.

Les Gaulois de l'Ouest et du Nord qui habitaient au milieu des forêts abattaient des arbres sur un vaste espace circulaire où ils parquaient provisoirement leurs

5

bestiaux, mais ils les laissaient paitre la plupart du temps en troupeaux (peu nombreux pour éviter les épidémies) dans les bois, où ils passaient même la nuit; il ne semble pas qu'ils fissent grand usage du laitage, et les anciens auteurs disent qu'ils ne savaient pas en tous cas fabriquer le fromage; ceux de l'Est et du Midi, au contraire, et particulièrement les Lygiens, voisins des Alpes et de la Méditerranée, les faisaient paitre dans les montagnes et dans les terres voisines de la mer, consommaient beaucoup de laitage de leurs petites vaches (*ceva*, en celtique) et faisaient avec l'Italie, par Gènes, un commerce important de bétail et de peaux. Ceux des pays viticoles nourrissaient l'hiver bœufs et vaches avec du marc sec.

A l'époque gallo-romaine, la race bovine de Gaule comprenait diverses variétés très différentes les unes des autres; au dire de Pline, elle était si abondante dans la région celtique qu'un roi celte, Tochaid, au deuxième siècle, vaincu par un de ses voisins, lui payait un tribut annuel comprenant « 1000 vaches ordinaires, 30 vaches blanches aux oreilles rouges et 30 veaux semblables ». Presque partout on employait les bœufs comme bêtes de trait, et, pour éviter l'usure de la corne du pied, on les chaussait parfois d'hippo-sandales, mais, plus souvent, on se contentait de leur frotter les pieds avec de la poix.

Les Romains avaient introduit l'usage des étables avec mangeoires et râteliers écartés d'un pied des murs. Ils nourrissaient les bœufs, outre les fourrages et le marc sec, avec des raves, dit Columelle, cultivées dans le pays en assez grande quantité.

Le commerce des bestiaux ne devait du reste avoir qu'une importance relative, en raison des difficultés qu'on éprouvait certainement à l'exercer; les animaux de boucherie en effet, bœufs, porcs et moutons, ne pouvaient être débités et livrés au public que par l'intermédiaire de corporations privilégiées se recrutant uniquement de père en fils et jouissant du privilège exclusif d'exercer la profession de boucher. Les éleveurs ne pouvaient guère par conséquent s'adresser qu'à eux, et leur nombre étant limité, leurs résidences bornées à quelques grandes agglomérations, ils devaient être forcés de passer par leurs conditions de prix et étaient obligés de conduire leurs bestiaux souvent à de grandes distances pour trouver un centre d'achat.

Nous ne savons ce que devint l'élevage des bœufs pendant les invasions des Francs et des Burgondes, mais certainement il ne disparut pas et fut même florissant au temps des Mérovingiens, puisque plusieurs des apôtres qui travaillèrent à la conversion de la Gaule au christianisme s'honoraient d'exercer une protection particulière sur les bêtes à cornes, et que la légende a fait de certains d'entre eux, comme saint Cornély, saint Amable, etc., les patrons des éleveurs de bœufs dans diverses régions.

A certains banquets populaires on faisait, dit-on, rôtir des bœufs entiers que se partageaient les convives, et les rois mêmes (au moins les rois fainéants) ne dédaignaient pas, raconte-t-on, de se faire trainer dans des chariots attelés de bœufs.

Quatre bœufs attelés, d'un pas tranquille et lent,
Promenaient dans Paris le monarque indolent. (BOILEAU.)

Au Moyen Age, le trafic des bœufs reçut quelques facilités ; à côté des bouchers qui exerçaient leur profession par droit d'héritage et qu'on nommait dans les ordonnances « bouchers naturels », on tolérait l'existence d'un certain nombre de bouchers libres. Rien qu'à Orléans il y en avait 40, en 1155. Louis le Jeune essaya cependant de réglementer ce commerce, et Philippe-Auguste fixa, en 1182, par une ordonnance les droits et privilèges de la corporation des bouchers de Paris. Mais rien ne put efficacement enrayer la concurrence qui leur était faite de toutes parts ; les couvents obtinrent à Paris, les uns après les autres, l'autorisation d'ouvrir des étaux ; quelques particuliers se firent accorder des lettres patentes ayant le même objet.

Pour les multiplier encore dans l'intérêt public, les bouchers titulaires étant devenus trop peu nombreux (il n'y en avait plus que cinq ou six familles), en 1463 on les autorisa à louer leurs étaux à des garçons bouchers ayant passé l'examen de maîtrise ; ils finirent même par les leur vendre. Grâce à toutes ces me-

Muserolle de bœufs (Pyrénées).
(Musée du Trocadéro.)

sures, le nombre des boucheries s'éleva rapidement, et le débit de la viande de bœuf augmenta considérablement en même temps que sa valeur vénale.

De nouveaux marchés à bestiaux et des foires périodiques s'ouvrirent de tous côtés et furent aussitôt très fréquentés par les producteurs, heureux de trouver enfin des débouchés à leur portée, et par les agents de boucherie citadins, dont les approvisionnements étaient ainsi bien plus faciles que lorsqu'ils devaient aller chercher les bœufs de ferme en ferme.

En 1540, François Ier, sans supprimer encore le monopole des bouchers, réglementa assez sévèrement l'exercice de leur profession, la location des étaux, encouragea les concurrences entre les titulaires au profit des cultivateurs et des consommateurs. Enfin, en 1587, les bouchers locataires de la grande boucherie de Paris, puis de diverses villes de province, obtinrent d'être groupés en corporation ayant des règlements et privilèges spéciaux, ce qui leur constitua dorénavant une reconnaissance légale fort importante pour eux, et leur permit de se recruter plus aisément. De là un accroissement rapide de leur nombre dans la France entière. Aux bouchers sédentaires des villes vinrent s'ajouter les bouchers forains, qui dressaient leurs étaux volants sur les champs de foire et dans les marchés pour y débiter les viandes à prix moins élevés que leurs collègues établis. Les gens de la campagne, les classes peu aisées des villes, profitant ainsi de la concurrence qui faisait baisser les prix de la viande au détail, prirent aisément l'habitude de consommer aussi la viande en plus grande quantité, et, le débit augmentant, la demande des bêtes de boucherie s'accrut rapidement, et l'élevage dut se mettre en mesure de répondre aux nécessités nouvelles.

La corporation des bouchers était puissante au Moyen Age, surtout à Paris, et on sait quel rôle ils jouèrent même sous la direction de leur chef, Simon Caboche, dans les luttes politiques des Armagnacs et des Bourguignons. Un certain temps,

Sonnailles diverses :
Jura, Puy-de-Dôme,
Ariège.
(Musée du Trocadéro.)

tenus pour suspects, les bouchers parisiens ne tardèrent pas à recouvrer toute leur importance.

C'est au seizième siècle qu'il paraît être fait mention pour la première fois de la fête corporative (peut-être bien plus ancienne, car quelques-uns prétendent qu'elle fut instituée en commémoration du procès gagné par les bouchers de Paris sur les Templiers en juillet 1182), qu'ils avaient créée à l'imitation des autres confréries et corporations et qui devint si célèbre dans la suite sous le nom de promenade du Bœuf gras. Cette fête avait lieu alors le jour qui précédait Carême-prenant.

Elle marquait la clôture des fêtes et festins qui se célébraient dans toutes les familles depuis l'Epiphanie jusqu'au Carême, et la suspension par pénitence de la consommation des viandes, suspension si rigoureuse en ce temps, que les bouchers ne pouvaient vendre de viande pendant le Carême, sous peine de la vie. La fête des bouchers s'appelait la fête du bœuf viellé, parce qu'elle avait pour attrait principal l'exhibition dans les rues de Paris, depuis la halle jusqu'à l'abattoir en passant devant le Palais du roi, le Parlement, etc., d'un bœuf de choix précédé de joueurs de vielles (d'où son nom), couvert de housses, de tapisseries, de feuillage, entouré de tous les maîtres et garçons bouchers en costume de cérémonie. Il portait un bel enfant ceint d'une écharpe bleue, couleur de la ville de Paris, et tenant en ses mains un sceptre et une épée, qu'on désignait sous le nom de Roi des Bouchers; et, devant chacun des principaux monuments, le cortège s'arrêtait et le maître juré de la corporation pénétrait et présentait au roi, au président du Parlement, etc., l'enfant et le bœuf pour recevoir compliments et gratifications. La fête, comme de nos jours, se terminait par un banquet et un bal.

Pendant les premiers siècles qui suivirent la Renaissance, l'élevage des races bovines continua en France sans modifications bien marquées; au milieu du dix-huitième siècle, le voyageur anglais Arthur Young constatait que la consommation du bœuf était moins importante en France qu'en Angleterre; à Paris on ne débitait que 69 885 bœufs par an, alors qu'on en vendait 92 539 à Londres, et encore Paris sous ce rapport était la ville la plus favorisée de France, car en province l'alimentation carnivore était infiniment plus réduite : traversant la Gascogne, « le peuple d'ici, dit-il, comme le Français en général, mange peu de viande, à Leyrac on ne tue que cinq bœufs par an; dans une ville anglaise de même importance, il en faudrait deux ou trois par semaine ».

Ce n'était pas cependant la qualité de la viande de bœuf qui la faisait ainsi négliger dans les grands centres, car elle y était généralement excellente, mais dans les campagnes elle était trop souvent d'un choix inférieur.

Le même voyageur, gastronome distingué, le reconnait lui-même : « Le bœuf est presque partout en France d'une qualité exquise et bien gras, on n'en saurait trouver qui surpasse celui de Paris; suivant moi, la comparaison peut bien s'établir entre la viande de bœuf en Angleterre et entre les grandes villes de France ; peut-être n'est-il pas toujours aussi bon dans celles-ci, mais la différence ne mérite pas qu'on s'y arrête. Pour les petites villes, elle est fort sensible, on n'y abat que de vieilles vaches ; le bon bœuf et le bon mouton y sont également rares, tandis que, chez nous, tout gentilhomme campagnard en a de première qualité. Le veau aussi est inférieur, malgré celui de Pontoise que l'on vend à Paris. »

Les bœufs consommés à Paris étaient surtout des bêtes venant de Normandie en été et du Limousin en hiver. La Provence, si nous en croyons Quiqueran, était aussi un pays renommé depuis longtemps pour l'excellence et l'abondance du bétail. Il parle d'un taureau si gros et si féroce, que pour le dompter on lui attacha un câble auquel était suspendu le tronc d'un arbre pesant 600 livres; mais, comme il traînait le fardeau à travers les champs cultivés et les abîmait, on fut contraint de le tuer.

L'élevage des animaux de la race bovine se faisait du reste en grand dans la Camargue, où les troupeaux jouissaient d'une quasi-liberté, et donnait lieu à un certain nombre de fêtes très caractéristiques. Il faut mentionner tout d'abord les fêtes tauromachiques : les gardiens à cheval conduisaient une manada au bord d'une lagune limitée par une forêt de pins, et choisissaient dans le troupeau six taureaux qu'ils en écartaient pour les pousser dans un champ où les jeunes bouviers les poursuivaient et se livraient avec eux à divers exercices. A une autre époque de l'année avait lieu la cérémonie du marquage ; les troupeaux étaient amenés entre deux barrières dans une enceinte où des jeunes gens saisissaient chaque bête par les cornes, la renversaient sur le flanc pour que le bouvier, armé d'un fer rougi au feu, pût lui appliquer la marque du propriétaire. Enfin, à l'époque du sevrage des veaux, en mai, les veaux étaient poursuivis, séparés de leurs mères par les cavaliers armés du trident, renversés, et on leur fixait dans les naseaux un musel ; cet instrument, une petite planche arrondie, convexe sur une face, échancrée dans le haut d'une ouverture laissant passer la cloison de la narine, restait suspendu en avant de la bouche qu'il recouvrait lorsque l'animal relevait la tête pour téter et le laissait libre quand il voulait brouter. En 1776, toutes les corporations furent dissoutes, et le commerce des bœufs et bestiaux devint complètement libre sous la surveillance des officiers municipaux, mais la création des patentes limita le nombre des bouchers et leur permit une entente pour établir le prix de la viande sur pied. De 1793 à 1800, la guerre et les réquisitions de guerre arrêtaient la production du Poitou, du Maine et d'une partie de la Normandie.

C'est à cette époque que John Baxewel démontrait en Angleterre par ses expériences, la possibilité, par la sélection des reproducteurs, de développer à volonté certaines qualités recherchées dans une race de bestiaux, mais ce ne fut qu'à la fin du siècle que Collings, mettant en pratique ces principes, créa la célèbre race Durham à courte tête. Ce n'est donc qu'au commencement du dix-neuvième siècle que des reproducteurs de cette race perfectionnée purent être introduits en France, où ils obtinrent un tel succès qu'un grand nombre des bêtes de boucherie abattues dans les grandes villes ont plus ou moins de sang de Durham dans les veines, bien que les bêtes de races purement françaises n'aient jamais cessé d'être appréciées à toute leur valeur et qu'en notre siècle, comme au dix-huitième, les races du Charolais et de Normandie pour l'alimentation, celles de la Garonne, du Nivernais, du Limousin, du Poitou pour le travail, celles du Cotentin, de la Bretagne et de la Flandre française pour la production laitière, soient justement renommées.

RACE OVINE

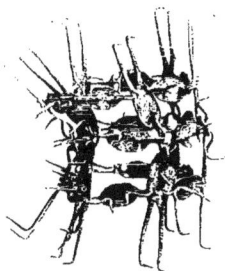

Collier de chien de berger
(Ariège).
(Collection Vergnes.)

L'élevage des moutons était connu des Gaulois, dont les brebis étaient des plus estimées au dire de Columelle et d'Horace; ils étaient particulièrement nombreux chez les Belges, qui tissaient leurs sayons de leur laine et expédiaient des toisons dans l'Italie entière; les habitants des provinces méridionales faisaient le même commerce et conduisaient annuellement leurs troupeaux brouter dans les champs pierreux de la Crau. En général la laine de ces moutons, quoique un peu rude et crépue, était de bonne qualité; cependant celle des moutons de Pézenas, d'après Pline, ressemblait plus à du poil qu'à de la laine. Les Gaulois élevaient également des chèvres, en assez grande quantité, dont la peau servait à faire les outres pour recevoir les vins.

Les laines fines et soyeuses et les laines noires étaient importées de Milet et de Laodicée. Les laines noires, du reste, semblent avoir été peu recherchées par les Gallo-Romains, car Virgile recommande au berger les précautions suivantes, sur le choix du bélier reproducteur : « Si ton bélier, fût-il éclatant de blancheur, cache une langue noire sous son humide palais, rejette-le, de peur qu'il ne teigne de taches noires la toison de ses enfants. » Et de son côté, Columelle, dans ses préceptes pour le choix des troupeaux, s'écrie : « Puisque la blancheur de la laine est toujours ce que l'on recherche le plus, il faudra

Sonnailles diverses (Camargue, Cévennes, Ariège).
(Musée du Trocadéro.)

toujours choisir les plus blancs, parce que souvent il vient un agneau noirâtre d'un bélier blanc, et que jamais des béliers rouges ou noirâtres n'en produisent de blancs. » Si on en juge d'après les statuettes des Gallo-Romains, en terre de Vichy, l'espèce ovine de cette époque ne différait pas sensiblement de celle représentée au Moyen Age.

Les bergers, à l'époque mérovingienne et au Moyen Age, jouent un grand rôle dans les superstitions populaires; ils passaient pour des sortes de sorciers, et en même temps étaient estimés pour les connaissances astronomiques qu'ils avaient pu acquérir dans leur existence contemplative. On les représente, dans toutes les miniatures et les sculptures anciennes, tenant à la main un long bâton terminé par un gros bout en crosse, afin de pouvoir lancer des mottes de terre aux brebis qui s'écartaient du troupeau, ou occupés à tondre leurs moutons à l'aide de forces en fer semblables à celles dont on se sert actuellement.

Cornes de bœufs, sculptées et gravées, servant à contenir la boisson des bergers (Camargue).

(*Musée du Trocadéro.*)

La réputation populaire des bergers, comme possesseurs de toutes sortes de secrets mystérieux, persista encore longtemps, elle dure encore de nos jours, mais c'est surtout au Moyen Age qu'elle fut la plus prépondérante; c'était eux qu'on consultait surtout pour toutes sortes de maladies. Cette confiance qu'inspirait leur compétence en l'art de guérir, était peut-être due à la connaissance approfondie qu'ils possédaient, disait-on, des vertus des « simples »; ils occupaient, en effet, une bonne partie de leurs loisirs à recueillir sur les montagnes les plantes médicinales tout en suivant leurs troupeaux; ils en tiraient même un certain profit, et ceux des Cévennes et des

7. Alpes vendaient leurs herbes à Marseille où il s'était même fondé un marché spécial qui se tient de toute antiquité à l'époque de la Saint-Jean. réputée la plus favorable pour recueillir les plantes médicinales d'où l'expression, pour désigner leur ensemble. « toutes les herbes de la Saint-Jean ». et où les herboristes de France viennent de toutes parts pour leur approvisionnement.

Quoi qu'il en soit. la notoriété des bergers comme astrologues. devins. médicastres. etc.. était telle que c'est leur titre qui fut choisi de préférence à celui de tout autre genre de professions rustiques pour baptiser les premiers almanachs: le plus ancien livre de ce genre. qui

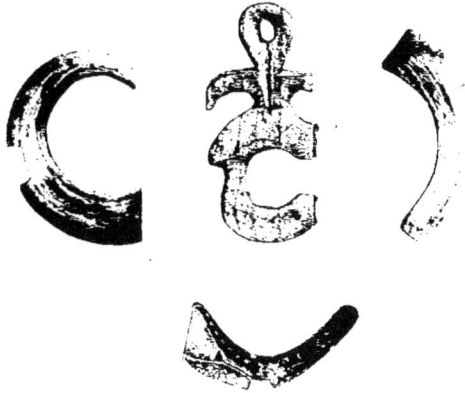

Clavettes pour colliers de moutons Provence'.
Musée du Trocadéro.

parut en 1493. s'appelle en effet le *Grand Compost des Bergers*. Plus tard parut l'*Almanach des Bergers* de Melchior Grieffer. et enfin le *Grand calendrier Compost des Bergers*. composé le 18 avril 1532. réimprimé bien souvent depuis.

Au quatorzième siècle. l'élevage des moutons était considéré comme tellement important. que Charles V accorda 5500 francs à un de ses conseillers. Jehan de Brie. jadis berger. pour composer un livre en français sur l'élevage du mouton : cet ouvrage vénérable existe encore.

Jehan de Brie débute par un éloge enthousiaste du mouton : « Que Dieu entre les aultres grans dons qu'il fist à l'homme par sa grâce. il lui donna bestes nommées oeilles (brebis) portant laine. les soumist. abandonna à l'homme pour ses alimens (nourriture). pour ses austres nécessités à son prouffit. » Puis il énumère les divers produits donnés par le mouton : la laine pour faire drap et étoffes: la peau pour faire des parchemins ou des cuirs tannés : la chair. si employée comme aliment que. dit-il. « les escoliers à Paris. Orléans et ailleurs le savent bien. car en fait. l'on service à table plus communément que de chars d'aultres bestes: la tête et la triperie. le suif à faire chandelles ou onguent, les boyaux pour faire les cordes d'arbalètes. d'arcs. d'archets à battre le drap et d'instruments de musique. la crotte pour engrais des terres et même comme éléments de certains médicaments. »

Trompe de berger en coquillage Provence .
Musée du Trocadéro.

Jehan de Brie nous décrit ensuite le berger et son costume : il mentionne le surplis ou manteau dont il se dépouillait parfois pour envelopper les petits agneaux « faonnés » aux champs; ce surplis était serré à la taille par une ceinture en tresse de trois cordes fermée par une boule de fer ronde et à laquelle pendaient divers ustensiles; une boîte à onguent « et est bien annoté que le bon berger ne doit non plus estre trouvé sans sa boiste à l'oguement que le notaire doit estre sans escritoire », un couteau aigu pour ôter « la roingne des brebis », une paire de ciseaux, une baleine à coudre les souliers dans un étui, un aiguiller d'aiguilles rondes et carrées; un couteau à manger dans sa gaine, « fait d'une vieille savate, de l'empeigne d'un soulier vieulx de vache bien cousu, faict par le berger à la mesure du dit coutel »; un fourreau de cuir ou peau d'anguille contenant des fiaiaux. Le berger portait suspendu au-dessus, à gauche, une panetière en cordelette tressée à laquelle était attachée

Tasse de berger
(Provence).
(Musée du Trocadéro.)

la laisse de son chien, munie d'un déclenchement de bois permettant de détacher le chien facilement pour « l'envoyer rapidement contre les loups ou aultres mauvaises bestes qui voudraient méfaire aux brebis ». Enfin il portait une houlette en néflier ou autre bois dur, longue, garnie à un bout d'un fer concave un peu courbé pour couper « houler la terre légère sur les brebis, car de houler est telle dicte houlette » et, à l'autre bout, d'une crosse formée par un crochet de la hante elle-même, ou par l'adoption d'un crochet en autre bois.

Olivier de Serres nous dit de la France à cette époque : « La France, riche en bétail, abonde en précieuses ouailles; pour les fines laines sont reconnues : le Berri, la Soulongue, l'Ile de France, la Normandie, le Valentinois en Dauphiné, la Corbière en Languedoc; quant aux chairs des moutons, quelle province pouvons-nous remarquer exceller en ce point, veu que partout le royaume, par-ci par-là, en divers endroits, s'en trouvent des meilleures du monde. »

Au dix-huitième siècle, les moutons en France laissaient, paraît-il, beaucoup à désirer au moins comme qualité alimentaire. Arthur Young pouvait dire en comparant la France à l'Angleterre : « Mais où l'infériorité atteint son plus grand terme, c'est pour le mouton; il est si généralement mauvais, que j'affirme n'avoir pas vu vivant ou mort, d'un bout de la France à l'autre, un mouton qui passerait pour gras chez nous; il est si maigre qu'à peine nous paraîtrait-il mangeable. » Il se vendait d'ailleurs 20 p. 100 meilleur marché qu'en Angleterre.

Tasse de berger
(Provence).
(Musée du Trocadéro.)

Cette infériorité ne pouvait échapper aux agronomes, ils se préoccupèrent assez sérieusement d'améliorer les races de moutons communes qu'on élevait alors en France et, par leur influence, obtinrent que Louis XVI, en 1786, fit construire à Rambouillet une bergerie destinée à la propagation des bêtes à laine. Un troupeau de Mérinos acheté à grands frais en Espagne y fut installé.

La bergerie, confiée à des directeurs habiles et protégée depuis par tous les gouvernements, en particulier par celui de Napoléon Ier, a prospéré au delà de toute espérance.

L'utilité de ces efforts, pour améliorer nos races ovines à la fin du dernier siècle, est confirmée par divers documents et notamment par le vœu qu'émettait en ces termes l'assemblée provinciale de la Généralité de Rouen, le 11 décembre 1787 :

« Entre les objets sur lesquels l'agriculture de la Généralité reste en arrière, on doit principalement citer l'avilissement et la dégradation des moutons. On ne les considère qu'en rapport des engrais qu'ils produisent, et, pourvu que les toisons et la différence entre le prix d'achat et celui de vente au boucher balancent les frais de nourriture et ceux de l'entretien du berger, l'on n'en demande pas davantage. Cela pouvait dans l'ancien état de choses suffire au vœu du laboureur, mais l'intérêt général exige qu'il ait des prétentions plus considérables; nos manufactures de lainage ne le cèdent à celles de nos rivaux qu'à cause de l'infériorité de la matière procédante de notre cru. »

La même assemblée provinciale reconnaissait deux ans plus tard l'importance de faire venir des béliers et des brebis d'Angleterre, malgré la rigueur des lois anglaises.

Pot pour porter la nourriture aux pâtres
(Ile-de-France).
(*Musée du Trocadéro.*)

RACE PORCINE

Le porcher,
d'après une miniature d'un *Livre d'Heures*
du seizième siècle.

Nos ancêtres s'adonnèrent de bonne heure à l'élevage des porcs, qui formaient d'immenses troupeaux assez domestiqués pour obéir au son de la trompe, et que l'on engraissait avec les glands des forêts; ils n'étaient jamais rentrés et acquéraient une vitesse et une vigueur si grande, qu'il y avait danger de s'en approcher, quand on n'était pas connu d'eux, et qu'un loup lui-même courait grand risque à le faire. L'industrie de la charcuterie fut très développée chez eux, la chair du porc défrayait leurs tables, soit fraiche, soit salée, et à Rome, chaque année, avait lieu un arrivage de jambons, de côtelettes, de filets, de quartiers de cochons et d'autres produits de la charcuterie gauloise, qui était fort prisée et qu'on débitait même sur une foire spéciale. On sait du reste que les Gaulois tenaient en honneur le sanglier (qui n'est autre que le cochon sauvage), qu'ils avaient pris son effigie pour enseigne.

On remarque l'absence, parmi toutes les statuettes d'animaux domestiques en argile blanche de Vichy, de celles de porcs proprement dits. Nous n'en avons trouvé une représentation précise que dans un bas-relief de la colonne Trajane, commémorant un sacrifice de Trajan, et cependant l'élevage du porc était très certainement toujours fort important en Gaule. Ces porcs, entretenus en bandes dans les forêts de chênes de la Gaule, n'étaient peut-être pas, il est vrai, domestiqués au même degré que les autres animaux que nous venons de citer, mais seulement apprivoisés. On sait, en effet, qu'on ne les rentrait pas dans les fermes, mais qu'on les gardait seulement aux environs. Peut-être, en ce cas (en Gaule du moins), était-ce encore des animaux assez près de la sauvagerie pour avoir conservé les apparences de leur père le sanglier, et une partie au moins des sculptures et moulages anciens, figurant dans nos musées et collections sous le nom de « sanglier gaulois », représentent-ils en réalité des sangliers domestiqués ou porcs.

Toutefois, la domestication du porc, à quelque époque qu'elle remontât, était très avancée chez les Gallo-Romains, car, dans les régions méridionales, on arrivait à les engraisser à tel point que Varron constate qu'ils ne pouvaient marcher et qu'il fallait les transporter en voiture. Ils devaient sans doute à cet engraissement des qualités nutritives fort appréciées des gourmets, car le même auteur exalte les jambons de Comacina (Narbonnaise) et de Valence (Drôme).

La vie des champs,
d'après une gravure du *Virgile* de 1517.

Il est probable qu'ils étaient également l'objet d'un élevage perfectionné dans d'autres parties de la Gaule, puisque dans les pays celtes on mentionne l'existence de troupeaux de cinq mille cochons, et qu'en Bretagne on exportait tellement de charcuterie, que la plupart des mots employés pour désigner la viande de porc et ses préparations (*cuceta, cucetum, cucintrum*) étaient des mots celtiques latinisés dont la racine se retrouve dans les expressions similaires bretonnes modernes.

Les Francs partageaient la prédilection des anciens Gaulois pour la chair de porc. La loi salique consacra vingt articles au vol des porcs ; tandis qu'elle n'en accorda que douze aux bœufs, quatre aux moutons et sept aux abeilles. Elle impose un wehrgeld de 15 sous à quiconque dérobe le grelot attaché au cou d'une truie. « Si un ingénu, dit le code ripuaire, s'est rendu coupable du crime de soneste, c'est-à-dire s'il a dérobé 12 cavales avec l'étalon, 6 truies avec le verrat, 12 vaches avec le taureau, il paiera 600 sous d'or outre le capital et les frais de poursuites. »

Frédégonde, voulant perdre Nectaire, n'imagina rien de mieux que de l'accuser d'avoir volé beaucoup de jambons dans le garde-manger de Chilpéric (*Grégoire de Tours*). L'archevêque de Reims, Mappinien, écrivait en 566 à son collègue Villicus, de Metz : « C'est pourquoi nous vous prions que votre charité daigne nous apprendre le prix des cochons de votre pays. »

Scène de charcuterie au dix-septième siècle.
(D'après une gravure de la *Collection Hartmann*.)

Les fabliaux et poèmes du Moyen Age ont fait fréquemment mention du porc et de la vie des porchers.

Aux douzième, treizième et quatorzième siècles, on ne saignait pas les porcs vivants ainsi qu'on le fait aujourd'hui, on les assommait avec le dos d'une cognée à lame assez large employée par les bûcherons.

En ce temps, non seulement on élevait des porcs à la campagne mais on en nourrissait même dans les villes ; on sait que le prince Philippe, fils de Louis le Gros, fut tué par l'écart que fit son cheval effrayé par un cochon se lançant en pleine rue de Paris dans ses jambes, et que certains couvents, notamment l'abbaye de Saint-Germain et celle de Saint-Antoine, obtinrent des chartes les autorisant à élever des porcs dans leurs monastères parisiens. Les moines ainsi privilégiés devaient seulement, lorsque le bourreau faisait une exécution sur leur territoire, lui donner comme rétribution une tête de cochon. Des règlements de police de 1261 et des prévôts de Paris en 1348, 1350, etc., défendirent en vain de nourrir des porcs dans la ville; les religieux de Saint-Antoine se montrèrent rebelles surtout à cette interdiction, et, sous prétexte qu'un cochon figurait dans leurs armoiries, ils finirent même par obtenir le droit exclusif de laisser vaquer leurs troupeaux dans la cité.

Dans certains festins appelés *baconiques* (du vieux mot *bacon*, porc), on ne servait que du cochon. Un festin de ce genre était offert certains jours au chapitre de Notre-Dame, et, au commencement du quatorzième siècle, on ouvrit même à cette occasion une foire au lard sur le parvis Notre-Dame, qui avait lieu le jeudi de la semaine sainte. Ce fut l'origine de la foire aux jambons qui, maintenant, commence le mardi et dure trois journées. En 1394, une ordonnance du prévôt de Paris réglementait la vente des lards sursemés à cette foire. On y accourait du fond des provinces, surtout de Normandie et de Basse-Bretagne, apporter du porc salé; le plus réputé, à l'époque de la Renaissance, était celui provenant de Chalon-sur-Saône; on y vendait des andouilles estimées de Troyes, du Mans, des saucisses de Nantes, des jambons de Bayonne et de Mayence, des échinées de porcs, auxquels vinrent faire concurrence plus tard d'autres spécialités, parmi lesquelles les plus célèbres au dixième siècle étaient les hures de cochons de Troyes, de Châlons-sur-Marne, d'Aurai, les andouilles des Ponts-de-Cé, les saucissons de Lyon.

Au Moyen Age, c'étaient les bouchers qui avaient le privilège de tuer et vendre les porcs sous la surveillance des langayeurs, puis des jurés visiteurs de porcs; vers la Renaissance, il s'établit des commerçants vendant spécialement du cochon cuit, qui furent réunis en communauté sous le nom de « chaircuitiers »; en 1475 et en 1513, ils obtinrent le droit d'acheter et de débiter directement les porcs. A partir de ce moment, la vente du porc cessa d'être le privilège particulier des bouchers, qui durent le partager avec la corporation des charcutiers.

En 1776, tous les privilèges corporatifs furent abrogés, mais, en 1782, les professions de bouchers et de charcutiers (seules autorisées), en raison d'une épidémie de ladrerie, furent de nouveau soumises à l'inspection des vétérinaires qui s'est continuée jusqu'à nos jours.

C'est seulement après la Révolution que l'élevage du porc reçut quelques améliorations, par suite de l'introduction de races perfectionnées, et plus tard fut encouragé par la création des concours d'animaux gras en 1844.

AVICULTURE

Le poulailler,
d'après Jost Amman.

La domestication de la poule et du pigeon remonte à une haute antiquité; celle de l'oie, de la pintade et du faisan à l'antiquité grecque; celle du canard à l'antiquité romaine.

Les Gaulois élevaient des poules et des oies, dont la chair leur était cependant défendue; ils faisaient même un commerce important d'oies, puisque Pline nous dit qu'ils en menaient des troupeaux de la Morinie jusqu'à Rome (les plus fatiguées étaient mises en avant des autres qui les poussaient naturellement à marcher).

Les statuaires de l'époque gallo-romaine nous ont transmis des souvenirs des animaux de leurs basses-cours. Ce sont des spécimens en argile blanche cuite, dont l'examen nous indique que les espèces qu'on possédait alors étaient semblables à celles qui existent encore de nos jours dans nos fermes : lapins, coqs, poules, pigeons de diverses variétés, plus des paons.

Strabon nous donne quelques renseignements sur l'installation de la basse-cour : elle se divisait en *gallinaria*, pour les poules; *aviarium*, pour différents oiseaux; *seclusiorium*, où on engraissait les poulets et pigeons avec des pâtes préparées; *chenoboscium*, où l'on nourrissait des oies qu'on envoyait à Rome; *glirarium*, réservé aux loirs dont la chair paraissait alors exquise quand ils étaient bien repus de glands, de châtaignes, de noix; l'*apiarium* contenant les abeilles, qui fournissaient à peine le miel nécessaire à la consommation, et enfin le *cochlearium*, rempli de mousse et de pierres concassées, qui était destiné aux escargots, mollusques estimés des gourmets.

L'engraissement des poules et des oies se faisait, nous apprend Caton, de la manière suivante : on renfermait de jeunes poules qui n'avaient encore pondu qu'une fois et on leur faisait de petites boulettes de pâte avec de la fleur de farine ou de farine d'orge; on trempait ces boulettes dans l'eau avant de les leur introduire dans le bec. On augmentait la dose tous les jours peu à peu; on les empâtait ainsi deux fois par jour et on les faisait boire à midi, sans laisser l'eau plus d'une heure devant elles. On nourrissait de même les oies, si ce n'est qu'on commençait à les faire boire avant de les empâter et qu'on leur donnait deux fois par jour tant à boire qu'à manger.

Incubation artificielle, d'après Réaumur [1].

Le foie d'oie était dès lors un des mets privilégiés des gastronomes, et l'oie blanche est indiquée par Varron comme la meilleure variété alimentaire; on les engraissait surtout avec des figues fraiches; on sait que les oies de l'ancienne Narbonnaise (aujourd'hui pays de Toulouse) jouissent encore d'une grande réputation.

La pintade faisait partie des métairies romaines; il y en avait de deux sortes: la numide (*ptilorynchus*), à caroncules bleues, que l'Europe n'a pas conservée, d'après M. Geoffroy de Saint-Hilaire; et la méléagris, à caroncules rouges, qu'on mentionnait encore au seizième siècle.

Le canard n'était certes pas aussi domestiqué que de nos jours, car Varron nous raconte qu'il fallait encore couvrir de filets les enclos destinés à ces oiseaux d'eau.

Les Gallo-Romains possédaient diverses races de pigeons énumérées par Darwin : le *columba tabellaria*, le messager anglais; le *columba gyratrix*, le pigeon

---

(1) Art de faire éclore et d'élever en toute saison des oiseaux domestiques de toutes espèces, soit par le moyen de la chaleur du fumier, soit par le moyen de celle du feu ordinaire, par M. de Réaumur... — *Paris, Impr. royale*, 1749.

culbutant; le *columba romana*, le *columba hispanica*, le pigeon romain; le *columba barbarica*, le barbe; le *columba guttarosa*, le boulan ou pigeon grosse gorge; le *columba turbita*, le turbit ou pigeon à cravate; le *columba cucullata*, le jacobin ou pigeon nonain; le *columba laticauda*, le pigeon-paon; ces races descendaient toutes du *columba livia* ou pigeon de roche; et Pline dit, dans son

Scène de basse-cour.
(D'après une gravure de la *Collection Hartmann*.)

Histoire naturelle : « Bien des gens se passionnent pour cet oiseau, ils racontent la généalogie et la noblesse de chacun d'eux. »

Varron écrit qu'avant la guerre de Pompée, Axius, chevalier romain, vendait ses pigeons 400 deniers (360 francs) la paire.

Quant aux jeunes pigeons ramiers, on commençait par leur donner de la fève rôtie et on leur soufflait de l'eau dans le bec pendant sept jours, puis on les gavait de morceaux détrempés d'une pâte cuite, faite de farine et de fèves bouillies et écrasées.

Au Moyen Age, l'élevage des volailles était certainement pratiqué sur une grande échelle, et les couvents, notamment ceux des Frères des Bons-Enfants, possédaient de vastes basses-cours où s'ébattaient des oiseaux de haute graisse, entre autres des chapons et des paons. Le paon, en effet, qui a depuis à peu près disparu complètement des exploitations agricoles, était à cette époque l'objet d'un élevage attentif en raison de la réputation culinaire dont il jouissait. C'était lui qui fournissait la pièce d'honneur de tous les grands banquets ; les mémoires de Du Guesclin, du « bon chevalier », nous représentent ces seigneurs dans leur

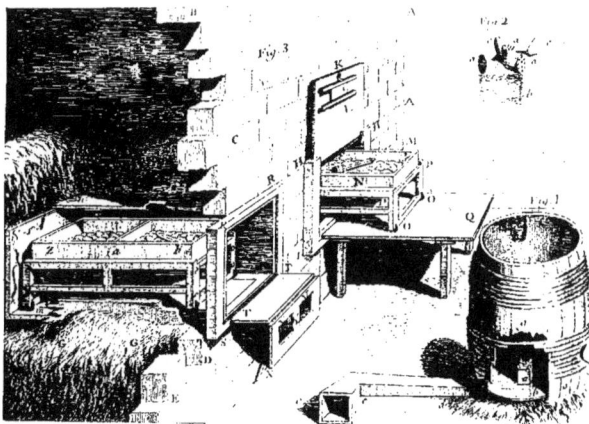

Incubation artificielle, d'après Réaumur.

jeunesse apportant comme pages sur la table seigneuriale des paons entiers rôtis, dressés sur des plats parés de leurs plumes et de leur tête comme on le fait encore parfois aujourd'hui. On attachait à certains élevages une telle importance, que les nobles s'en étaient réservé le monopole ; c'est ainsi qu'ils s'étaient attribué presque partout le droit exclusif de posséder des pigeonniers dont les hôtes rapinaient en toute sécurité, sous la protection de lois sévères, leur nourriture dans les champs de céréales cultivés par les vassaux. Dans certaines régions, cet élevage s'était cependant vulgarisé et avait pris en quelque sorte un caractère national, car, dans les campagnes montalbanaises, il n'était pas une ferme, pas une maison, dont les étages supérieurs et les tourelles ne fussent utilisés comme pigeonniers.

Au temps des croisades, les volailleurs criaient dans les rues de Paris : « oisons, pigeons, gras chapons et oiselets », et le bruit se répandit que la Providence destinait les oies elles-mêmes à la rédemption de Jérusalem, parce qu'une bonne femme de Cambrai avait été vue suivant sur les routes une oie qui la guidait, disait-elle, vers la Judée.

Au dire de Bouche, historien de Provence, nous serions redevables du dindon au roi René, mort en 1480, qui le nourrissait au lieu dit de la Galinière, près de Rosset; d'autres écrivains nous disent qu'il fut importé d'Amérique en France sous Louis XII; d'autres enfin, qu'il ne fut introduit que sous François 1er par l'amiral Chabot. En tous cas, son élevage prit rapidement une grande importance au seizième siècle, et Belon constatait que dès 1550 il était déjà « commun en mestairies ». Le dindon fut vite apprécié comme comestible, et ne tarda pas à acquérir ses droits de cité sur les tables royales : on le vit paraître au festin de noce de Charles IX en 1575, et, lorsque les magistrats d'Amiens offrirent douze dindons à ce roi, ce cadeau fut remarqué à cause de sa valeur. En 1603, un règlement de Henri IV décerna des peines contre les coquetiers qui refuseraient les droits d'entrée sur les dindons sous prétexte qu'ils étaient réservés pour la reine.

« La commodité qu'on tire de la poulaille d'Inde, dit Olivier de Serres, chair exquise, œufs de mesnage qu'elle donne en certain temps de l'année, ce qui fait oublier les soins difficiles qu'exige son élevage. »

Le grand agronome ajoute que les poulaillers contenaient alors, outre la dinde, des poules communes et étrangères, des gélinottes, des oies de Numidie, des faisans; des poules d'eau, des hérons, canards et des paons connus au temps passé; « c'est, dit-il, le roi de la volaille terrestre que le paon, comme la primauté sur l'aquatique est due au cygne, deux excellentes qualités a le paon : plait à la veue et au goust. On lui donne ces épithètes : aisles d'ange et voix de diable. »

C'est également au seizième siècle que reparut en France la pintade d'Afrique connue des Grecs et des Romains, et qu'arriva le canard d'Inde ou de Guinée, comme on appelait alors, l'anasmoschata; celui-ci était même vendu sur les marchés pour servir « ès festins et noces ». L'élevage et l'engraissement des volailles continua à fructifier et à se perfectionner en France; Olivier de Serres s'en préoccupe et donne les conseils suivants aux aviculteurs : « Le plus tôt qu'on peut mestre couver les poules après l'hiver est le meilleur pour avoir des poulets avancés, afin d'estre grands devant l'arrivée de l'esté et pouvoir estre chaponnés devant la sainct Jean; par ce moyen avoir des chapons avancés et ensuite grands suivant le proverbe : Chapons devant la sainct Jean et chaponneaux après. » Et certaines de nos provinces, favorisées sans doute par la possession de races particulièrement propres à l'engraissement, acquirent dès lors une renommée universelle, les pays de Bresse, du Maine, de Houdan, de Nantes pour leurs chapons, poulardes et poulets; de Rouen, de Cahors, pour leurs canards; de Montauban, pour les pigeons; du Périgord, du Dauphiné pour les dindons; de Toulouse, de Strasbourg et d'Alençon pour les oies.

Au dix-huitième siècle, Réaumur, l'illustre physicien, tenta de remettre en honneur les méthodes d'incubation artificielle imaginées autrefois par les Égyptiens et tentées déjà par François Ier, qui avait fait construire pour cet objet des fours à Montrichard en Touraine. Il fit ses premiers essais dans un four à pain de la communauté de l'Enfant-Jésus, prêté par le curé de Saint-Sulpice, et qu'il avait disposé en une sorte d'étuve contenant une armoire à tablettes pour recevoir les œufs ; ensuite il inventa son couvoir, dont la chaleur était fournie par du fumier de cheval en fermentation, qu'il monta dans une remise spéciale du couvent ; puis

Incubation artificielle, d'après Réaumur.

il simplifia encore son invention et eut l'idée de remplacer le couvoir par des tonneaux ou caisses diverses garnies de plâtre à l'intérieur, aérées convenablement et enfouies dans du fumier. Tous ces appareils étaient placés sous la direction et la surveillance des sœurs et des serviteurs de la communauté ; c'est dans cet asile aussi, situé en plein Paris, que, complétant ses premières inventions, Réaumur fit les essais, satisfaisants d'ailleurs, des mères artificielles ou poussinières vitrées, tenues chaudes également par du fumier, et qu'il avait combinées pour recevoir et élever des poussins à leur sortie de l'œuf.

Bonnemain surtout réalisa des progrès considérables ; Réaumur avait indiqué les températures de 39 à 40 degrés comme les plus favorables à l'incubation : Bonnemain parvint à réaliser cette température constante dans des appareils ingénieux, par la circulation d'eau chaude. Il alla plus loin et, confiant dans le succès de ses inventions, osa le premier créer un grand établissement d'incubation, qui fonctionna plusieurs années et, dès 1777, approvisionnait le marché de Paris. Malheureusement le prix de revient de la nourriture spéciale des poussins était trop élevé, et il fallut, au bout d'un certain temps, renoncer à cette exploitation onéreuse, et abandonner l'établissement. Malgré quelques essais tentés en Angleterre, pour rendre plus pratique encore l'élevage artificiel, il ne semble pas qu'il se soit beaucoup propagé et, en tous cas, il a dû tomber rapidement en désuétude, car la plupart des traités et manuels d'agriculture du commencement de ce siècle n'en font même pas mention; c'est seulement vers le milieu du dix-neuvième siècle qu'on vit réapparaître des appareils poursuivant le même but, que tout le monde connaît.

Ils permettent, sinon de créer des exploitations industrielles de l'incubation, du moins de l'appliquer très heureusement dans des conditions restreintes. Les principaux de ces appareils, tous inspirés de ceux de Bonnemain, furent ceux imaginés par Lemare, Sorel, Cantelo, Vallée; ce dernier fut même employé au Muséum pour faire éclore les œufs d'oiseaux rares et de reptiles.

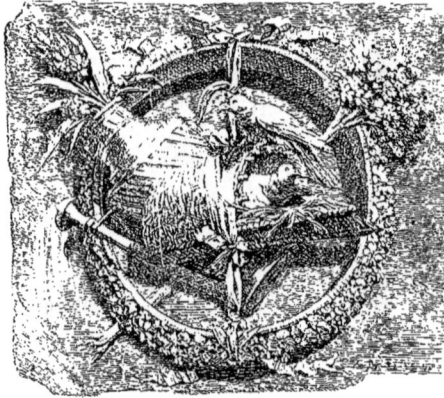

INDUSTRIES AGRICOLES

APICULTURE

Les Gaulois recueillaient le miel des abeilles et le faisaient entrer dans la composition de plusieurs boissons, soit en l'étendant d'eau et l'aromatisant, soit en en faisant un des éléments de la bière raffinée (*Zythus*) réservée aux riches, soit en le mêlant au vin pour faire l'hydromel qui figurait dans tous les repas somptueux et servait pour les libations dans les cérémonies religieuses.

Les Romains trouvèrent par conséquent le miel en usage dans notre pays, lorsque après la conquête ils vinrent y coloniser, et déjà même celui de la Narbonnaise était recherché par eux et considéré comme un rival des miels célèbres dans l'antiquité du mont Hymette en Attique, du mont Ida en Crète, et du mont Hybla en Sicile. Ils n'eurent donc probablement que peu de peine à introduire en Gaule les procédés d'apiculture perfectionnés alors employés chez eux, où le miel jouait un rôle si considérable, non seulement dans les industries des liqueurs, mais encore dans l'alimentation privée, puisqu'il tenait la place aujourd'hui attribuée au sucre, et que la cire avait des emplois multiples, tels que les tablettes à écrire, le modelage des sculpteurs, etc.

Aussi s'étaient-ils attachés à multiplier les abeilles, à assurer leur élevage, à récolter sans perte leurs produits. Leurs ruchers étaient innombrables et ils avaient inventé les ruches les plus diverses; il y en avait d'une seule pièce, d'autres à compartiments; on en faisait en jonc, en paille mastiquée avec de la glaise ou du fumier, en osier tressé, en bois, en liège, en briques, en poterie, en pierre spéculaire, transparente même; on en a retrouvé à Pompéi en métal, de la forme de jarres, divisées par des cloisons multiples et munies de nombreuses ouvertures latérales.

Ces ruches étaient placées sur des socles en pierre revêtus de stuc pour éviter l'humidité et pour empêcher l'accès aux lézards, aux escargots et autres animaux. Les abeilles étaient l'objet de soins minutieux, on nettoyait leurs ruches trois fois par mois, on les plaçait à la portée des pâturages, des champs et des coteaux fertiles en labiées, où elles pouvaient plus facilement butiner les fleurs qui leur convenaient.

Les rayons détachés des ruches, on savait faire écouler le miel le plus fin, les pressurer pour obtenir le miel de seconde catégorie, faire fondre et mouler les gâteaux de cire.

Leur intervention en Gaule ne put qu'amener des perfectionnements dans l'apiculture gauloise, qui continua à jouir d'une réputation méritée, et le miel demeura longtemps encore la seule matière sucrée employée dans notre pays.

Pendant le bas Empire, le miel faisait partie de toutes les sauces, les colons entretenaient avec soin et exploitaient avec succès de nombreuses ruches. Les abeilles étaient considérées comme jouissant d'une intelligence exceptionnelle, capables même de comprendre et partager la pensée humaine. Un essaim vagabond apparaissait-il à la vue des paysans, que ceux-ci croyaient le déterminer à se poser sur le domaine en leur adressant cette solennelle conjuration qui nous a été conservée : « Je t'adjure, ô mère des abeilles, par le Dieu roi des Cieux, et par le Rédempteur fils de Dieu; je t'adjure de ne pas voler plus loin, mais de venir le plus tôt possible te poser sur un arbre avec toute ta famille; là, j'ai préparé une bonne ruche où vous travaillerez au nom de Dieu, et nous ferons, au nom de Dieu, des cierges pour l'église de Dieu, et par la vertu de Notre-Seigneur Jésus-Christ; et vous serez à l'abri des rayons du soleil au nom de la sainte Trinité. Ainsi soit-il. »

A la suite des croisades, le sucre de canne commença à être importé d'Orient en France; toutefois le miel, si estimé des Mérovingiens, ne fut pas complètement supplanté. La récolte en était confiée à une classe spéciale de serfs, les « bigres », dont les fonctions s'exerçaient dans les terres de bigrages. Ils allaient dans les bois à la recherche des abeilles, les cueillaient dans des ruches et récoltaient le miel et la cire. Ils avaient le droit de prendre le bois mort pour leur chauffage et d'emporter et enlever tout arbre où se logeait un essaim. Par charte signée à Argentan, le 6 avril 1190, Richard Cœur de Lion donna à l'abbaye de Silly le revenu des bigres que le roi son père avait dans la forêt de Gofer.

En 1257, Jehan, sire d'Argentan et maréchal de France, accorda à ces mêmes bigres et à leurs héritiers domiciliés en terre de bigrage, la continuation de ces coutumes dont ils avaient joui au temps de Philippe-Auguste et de Richard.

L'apiculture, d'après une gravure sur bois d'un *Virgile* du seizième siècle.
(*Collection Hartmann.*)

Au Moyen Age, et même bien plus tard, on continua à faire usage de diverses boissons miellées, et dans les classes pauvres, du miel en place de sucre beaucoup plus coûteux, et malgré le développement et le perfectionnement de l'industrie des parchemins qui avait abaissé si sensiblement le prix des peaux préparées, que la consommation était devenue courante pour les gens sachant écrire au moins dans les classes aisées, on n'avait pas encore renoncé complètement aux tablettes de cire. Les étudiants pauvres prenaient leurs notes sur ces tablettes à l'aide d'un stylet de plomb, et le nombre de ces petits ustensiles qu'on a retrouvés en draguant les boues de la Seine prouve que l'usage en était encore très répandu. Dans les halles et marchés, c'était également sur des tables de cire qu'on inscrivait le cours des denrées, et la plupart des petits marchands tenaient de la même manière le compte de leurs débiteurs, qu'ils effaçaient aisément après le paiement en présentant simplement la surface de leurs tablettes à la chaleur du feu

Aussi l'industrie apicole, si elle était moins prospère, ne disparut-elle pas, et elle reprit un nouveau développement vers la fin de la Renaissance, sous l'influence d'Olivier de Serres et d'Alexandre de Montfort ensuite, qui la préconisèrent chaleureusement. Les miels les plus estimés étaient alors, comme aujourd'hui, ceux qu'on faisait venir du Languedoc, du Gâtinais et de la Savoie.

On avait inventé des presses d'un mécanisme ingénieux pour écraser les rayons, dont on a pu étudier divers spécimens curieux à l'Exposition.

L'invention du pain d'épice donna au miel un regain de succès et un débouché important; on sait, en effet, qu'il entre pour une grande proportion dans la composition de cette pâtisserie. Le succès du pain d'épice sous Louis XIV fut considérable, surtout dans les classes populaires, et les rues étaient parcourues par des marchands ambulants jetant leur cri bien connu :

> Pain d'épices
> De Senlis
> Pour le cœur.

Senlis n'en avait pas le monopole; il partageait cette gloire avec Reims, Amiens, Dijon, Chartres, et la production de toutes ces villes était telle, qu'on jugea nécessaire de créer à Paris une foire spéciale pour la vente de leurs produits, qui se tenait vers l'époque de Pâques, et a persisté jusqu'à nos jours.

Cueillette des feuilles de mûrier, d'après une gravure de Stradan.
Collection Hartmann.)

SÉRICICULTURE

L'industrie de la soie, introduite en Grèce et en Turquie au sixième siècle, en Espagne au huitième, en Sicile et dans le sud de l'Italie au douzième, demeura un certain temps une industrie de tissage et de teinture utilisant les soies du *Bombyx mori* apporté d'Extrême-Orient; cependant, pour échapper à cette sujétion, on commença, sous le règne de Roger, à planter dans ces dernières régions des mûriers pour nourrir les vers à soie dont on faisait venir des œufs de Chine. Cette culture se répandit successivement dans le sud de l'Italie jusqu'à la Vénétie.

C'est, disent certains historiens, le pape Grégoire X, à qui le roi Philippe le Hardi venait de céder le Comtat-Venaissin et qui avait pu étudier de près en Italie les avantages et les procédés de l'industrie séricicole, qui introduisit dans son nouvel État français la culture du mûrier et l'élevage du ver à soie; suivant d'autres, ce serait seulement à Clément V, pape à Avignon au quatorzième siècle, que serait due cette double importation; enfin, d'après d'autres, ce seraient des gentilshommes français qui avaient séjourné à Naples, et non les papes, qui prirent l'heureuse initiative de planter aux environs d'Avignon, en 1340, les premiers plans de mûrier.

Quoi qu'il en soit, Avignon fut le berceau des industries séricicoles françaises, qui y acquirent un développement et une prospérité incontestables.

Au quinzième siècle, elles se répandirent dans plusieurs autres provinces : Louis XI fit planter en Touraine des mûriers venant du Milanais et de la Toscane et installer dans cette province les premières magnaneries; on en créait en

Nourriture des vers à soie, d'après une gravure de Stradan.
(Collection Hartmann.)

même temps aux environs de Lyon, et Guyape de Saint-Aubin imitait cet exemple dans le Dauphiné, à Alan, près de Montélimart.

François Ier, Henri II contribuèrent beaucoup au développement de l'industrie lyonnaise qui comprenait, en 1554, 12000 ouvriers, et ce dernier roi accrut les plantations de mûriers de Touraine et créa celles de Toulouse et de Moulins. Mais ce fut surtout à la fin de la Renaissance qu'un effort considérable fut fait pour propager et répandre la sériciculture. Deux hommes, Barthélemy Laffemas et Olivier de Serres, avaient publié mémoires sur mémoires pour préconiser l'élevage du ver à soie : Henri IV, qui se faisait une gloire spéciale d'encourager les manufactures malgré les vues de Sully, plus étroites, qui résistait souvent aux innovations, comprit l'importance et la valeur de leurs conseils et de leurs efforts; il appela Olivier de Serres près de lui et avec son aide répandit la culture du mûrier dans des proportions considérables dans le Poitou, le Languedoc, la Provence, le Dauphiné, l'Anjou, même la Normandie et les environs de Paris ; fit venir et distribuer des quantités énormes de semences de vers à soie dans les mêmes provinces, et, malgré les réclamations de Sully qui traitait ces projets de babioles, fonda une chambre de commerce, accorda des lettres patentes pour favoriser l'industrie de la soie et interdit l'introduction en France des produits similaires étrangers pour protéger la production nationale. Ces mesures eurent le premier résultat de

Le dévidage des cocons, d'après une gravure de Stradan.
(*Collection Hartmann.*)

rendre une prospérité complète aux manufactures de Lyon, de Tours, de Nîmes et d'Avignon et une grande extension aux exploitations agricoles du mûrier et aux magnaneries, surtout dans les Cévennes et dans le Midi.

Le roi était si fier du succès de ses efforts, qu'il avait fait remplir de mûriers tous les parcs royaux et qu'au palais même des Tuileries il avait attaché auprès de sa personne une Italienne, la dame Julie, « femme des plus entendues qu'on puisse trouver », dont l'office consistait uniquement à nourrir les vers à soie du roi.

Après la mort de Henri IV, l'essor donné à la sériciculture s'affaiblit progressivement, malgré les efforts de plusieurs ministres et surtout de Colbert, ministre de Louis XIV (qui fonda plusieurs pépinières de mûriers et facilita l'installation de nouvelles fabriques de soierie), et s'arrêta même à la révocation de l'édit de Nantes qui amena l'émigration à l'étranger des industriels protestants des Cévennes et d'ailleurs.

Au dix-huitième siècle, on s'efforça de réveiller l'industrie séricicole : les intendants des provinces reçurent ordre de favoriser les propriétaires qui voulaient s'y livrer ; Louis XV patronna l'abbé Boissier de Sauvage, auteur d'ouvrages importants sur la sériciculture et inventeur d'installations de magnaneries perfectionnées, et Louis XVI fit venir de Chine, en 1789, des œufs d'une variété de vers à soie encore inconnue en France et qui produit de la soie blanche, tandis que celle connue jusque-là ne donnait que de la soie jaune ; mais, malgré tout, la sériciculture ne cessa de péricliter et ne prit une certaine vitalité qu'au commencement du siècle, au temps du ministre Chaptal, et surtout lorsque l'invention du métier Jacquart accrut considérablement la consommation de la soie. Dans la suite, l'apparition des terribles épidémies qui ont sévi sur les vers à soie lui porta l'immense préjudice que l'on sait.

Moulin à eau, d'après Sébastien Le Clerc.
(*Collection F. Carnot.*)

MEUNERIE

Tripous, moulin d'Auvergne.
(*Musée du Trocadéro.*)

Aux époques préhistoriques, le premier instrument qui a servi à broyer les grains se composait d'un simple caillou ou percuteur et d'une roche plate. Plus tard, cet outil fut perfectionné en creusant la roche en forme de coupe, la transformant ainsi en mortier, et en polissant le percuteur de manière à en faire un pilon allongé. Pour réduire en farine le grain ainsi broyé, on l'écrasait sur une pierre légèrement concave et longue, à l'aide d'un galet auquel on donnait un mouvement de va-et-vient et qui l'usait par frottement.

Enfin, on combina ces deux outils en faisant des moulins composés d'une sorte de mortier aplati et d'une meule ronde convexe en dessous, de manière à s'emboîter dans la meule inférieure, mais au sommet taillé coniquement pour donner plus de prise aux mains qui lui imprimaient un mouvement giratoire broyant ou écrasant à la fois le grain placé dans la cavité.

A l'époque paléolithique, on eut l'idée de faciliter le mouvement de l'appareil en implantant au fond de la cupule de la meule inférieure un petit pivot de bois dur ou de pierre dont l'extrémité pointue s'emboîtait dans une cavité centrale de la meule supérieure, puis, afin de mieux maintenir l'équilibre de celle-ci, on la perça de part en part et on remplaça le pivot, lorsqu'on connut les métaux, par un axe en fer qui la traversait.

Tel était l'outillage au début de l'époque gauloise. Nos aïeux cultivaient un blé qui produisait une excellente farine (*brance*), très appréciée à l'étranger et particulièrement en Italie en raison de sa blancheur et de ses qualités de panification, car elle donnait, paraît-il, quatre livres de pain au boisseau de plus que toute autre. En outre, dans l'Aquitaine et plusieurs autres provinces on utilisait en grande quantité la farine d'une variété de millet (*panicum*) qui constituait la nourriture nationale des habitants du pays; enfin on consommait ailleurs de la farine d'orge, de lin et de fèves, pure ou mélangée avec celle de panic.

Le meunier.
d'après Jost Amman.

La production en farines diverses de la Gaule, tant pour l'exportation que pour la consommation intérieure, devait donc être considérable; aussi nos ancêtres, désireux de pouvoir produire à la fois une certaine quantité de farine, se servaient-ils de meules d'assez grande dimension, et, afin de rendre la mise en action plus facile en diminuant les frottements, ils arrivèrent à encastrer dans la meule dormante une petite crapaudine en silex et à armer le bas du pivot de la meule tournante d'un silex en pointe; dans ces conditions, la meule supérieure tournait comme une toupie sur la meule inférieure. Pendant la dernière période gauloise on modifia encore cette disposition : on fixa le pivot dans la meule supérieure, on perça complètement la meule inférieure pour le laisser passer librement et on plaça la crapaudine dans le sol même; de cette manière, la meule supérieure conservait un meilleur équilibre. Cette forme de moulins à bras s'est conservée jusqu'à nos jours en Bretagne sous le nom de *braou*.

Les Romains, eux, n'employaient encore à l'époque de la conquête que le second des systèmes que nous avons décrit, amélioré seulement par l'adaptation d'une barre horizontale à la pierre tournante pour en faciliter la manœuvre; leurs meules, du reste, étaient de dimensions beaucoup plus petites que celles des Gaulois; très souvent la meule supérieure était taillée en forme de cône renversé et creusée intérieurement de manière à former un entonnoir, dans lequel le blé était versé et d'où il s'écoulait sur la meule inférieure par des ouvertures ménagées sur les côtés du pignon de l'axe; le mouvement était donné suivant la dimension et le poids de l'appareil, soit à bras, soit par des bêtes de somme.

Lorsque les moulins à eau inventés en Asie Mineure se répandirent dans notre pays vers le quatrième siècle, le procédé d'écrasement du grain en usage depuis les époques gauloise et romaine ne fut pas sensiblement modifié en ce qui concerne les appareils employés, seulement on leur appliqua la force motrice nouvelle. Long-temps encore les crapaudines et les pivots en galets de silex demeurèrent en usage, et il en existe même encore dans certains moulins à eau du cap Sizun et de l'île de Sein.

L'application à la manœuvre des meules de la force motrice donnée par le vent,

Moulin à eau, d'après Sébastien Le Clerc.
(*Collection F. Carnot.*)

après avoir été faite d'abord en Asie, en Russie, puis en Bohême en 718, dut être introduite en France soit par des voyageurs de ces pays, soit par des croisés échappés au désastre subi en Bohême par les bandes de Gauthier de Pexejo ; tou-jours est-il que le moulin à vent était déjà bien connu dans notre pays en 1105, mais qu'il n'avait pas été copié sur une installation similaire observée en Palestine par les croisés, comme on le dit généralement, puisqu'il n'en existait ni n'en existe encore aucune dans cette région de l'Orient.

Quoi qu'il en soit, l'emploi d'ailes légères mues par la force du vent, pour obte-nir la rotation d'un axe horizontal transmis ensuite à l'aide d'engrenages et de courroies au mécanisme rotatif des meules, se généralisa assez rapidement au Moyen Age ; les écrivains citent aussi fréquemment le moulin à vent que le moulin à eau.

Au seizième siècle, on inventa le bluteau ou blutoir destiné à tamiser la farine et on imagina la mouture économique à Senlis et en Beauce ; très usitée dès 1546, elle consistait à faire repasser plusieurs fois la farine sous la meule.

On interdit cette même année la panification avec les farines moulues à la grosse, où le gruau et le son étaient mêlés ; mais, en 1740, cette prohibition fut

7

abolie et on n'exigea plus que l'emploi de la farine blutée qui n'était épurée que du gros son.

À partir du seizième siècle la machinerie des moulins avait sans doute reçu quelques améliorations, mais ce ne fut qu'au dix-huitième siècle, à la suite des travaux du colonel Ducrest et de l'ingénieur Favre, qu'elle subit une véritable transformation par suite de l'assemblage de six à huit meules sur une unique plate-forme circulaire ; limitée d'abord à quelques rares minoteries, elle se généralisa en France après 1816 et donna naissance aux admirables outillages perfectionnés en usage de nos jours.

Moulin à vent.
(*Collection F. Carnot.*)

MUSÉE RÉTROSPECTIF DE L'AGRICULTURE
Scène de la laiterie et fromagerie.

Dessus et côtés d'un moule à fromage (Ariège).
(*Collection Vergnes.*)

FROMAGE

Tasse en bois avec
ornement d'étain
(Ariège).
(*Musée du Trocadéro.*)

Le produit principal que les Gaulois tiraient de la race bovine était le lait, dont ils faisaient une grande consommation à l'état frais, en conserves salées et en fromages.

Pline vante les fromages de la Gaule méridionale, qui étaient fort recherchés à Rome ; il cite en première ligne ceux de Nîmes, de la Lozère, du Gévaudan, qui ne se conservaient pas longtemps, et le vatusique fabriqué par les Centronnes des Alpes, et nous dit que ceux de chèvres plaisaient moins parce qu'ils avaient un goût de médicament ; mais ni lui ni Varron ne nous parlent du beurre des Gaules, d'où il faut conclure qu'il ne s'en faisait point ; du reste, nos ancêtres faisaient leur cuisine à la graisse de porc.

Cependant, tous les Gaulois ne savaient pas faire le fromage, et Strabon en fait un grief aux Bretons : « Ils étaient si arriérés, que quelques-unes de leurs tribus ne savaient même pas faire le fromage », écrit-il, ce qui semble établir que les Gallo-Romains en faisaient usage. Ils devaient en être ama-

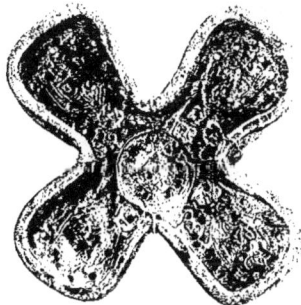

Égouttoir à fromage (Maine).
(*Musée du Trocadéro.*)

teurs, du reste, car Columelle nous donne les renseignements méticuleux qui suivent sur les soins à apporter à la fabrication du fromage à cette époque :

« Le fromage doit être fait de lait pur et nouveau, car le lait ancien ou mélangé

Canne en cuivre (Normandie).
(*Musée du Trocadéro.*)

ne tarde pas à acquérir de l'âcreté ; ordinairement, c'est avec de la présure d'agneau ou de chevreau qu'on le fait cailler, quoiqu'on puisse parvenir au même but avec la fleur du chardon sauvage, ou avec les semences du cicus, ou encore avec la sève laiteuse que rend le figuier ; le moins de présure qu'on puisse mettre dans un sinus de lait est du poids d'un denier d'argent. »

Les Gaulois appréciaient beaucoup le laitage (à ce point que les Ligures, comme les Caucasiens de nos jours, trayaient non seulement leurs vaches, mais leurs juments) ; savaient-ils faire le beurre ? on l'ignore ; ce produit, bien que connu déjà de l'antiquité grecque, n'était pas estimé des Romains qui ne l'employaient que comme onguent ; mais, par contre, il était très aimé et produit couramment par les Germains au temps de Tacite, et c'est sans doute les Francs qui en firent connaître en Gaule le mérite et le procédé pour le fabriquer, à l'aide d'un pilon dans des barattes en bois creusées ou faites de feuillets de bois assemblés.

Dans la suite on ne semble pas s'être préoccupé particulièrement de la laiterie et de la fromagerie ; cependant on fait remonter au huitième siècle le moyen de rehausser le goût du fromage par l'adjonction d'herbes odoriférantes ; cette manipulation s'appelait *persiller*, probablement parce qu'à l'origine on devait se servir surtout du persil.

A l'époque des croisades, le fromage était certainement apprécié et par conséquent on devait le faire avec soin, car divers fabliaux nous rapportent que les laitiers criaient dans les rues de Paris : « J'ai bon fromaige de Champaigne et ai fromaige de Brie. » Aux festins du Moyen Age, figuraient constamment les fromages et le beurre ; celui-ci, d'ailleurs, faisait déjà partie de nombreuses recettes culinaires. Quant au lait frais, châtelaines et roturières en faisaient leurs délices, et les inventaires des meubles des châteaux mentionnent souvent « les pots d'airain à traire les vaches ».

Pot à lait du dix-huitième siècle (Bretagne).
(*Musée du Trocadéro.*)

Pot à lait en fer-blanc
(Pyrénées).
(*Musée du Trocadéro.*)

Au milieu de la Renaissance,
François Ier autorisa les habitants de Roquefort à perce-
voir un droit sur les fromages
déposés par les particuliers dans
les caves de cette commune, et
il prôna le Sassenage concurremment avec le Marolles et le Neuf-
châtel.

Gerle (Aveyron).

Plus tard, Olivier de
fromages avaient une répu-
entre autres le Brie, le
des brebis, et Marcorelle
d'être celui dont parle Pline.
Normandie, nous dit-il aus-
troupeaux dont le beurre,
de sa qualité, formait une
commerce » ; il attribue aux
server le beurre fondu. De
les conseils qu'il donne
de Columelle) sur les soins
des ustensiles de laiterie
rie, dans le choix de la pré-
le lait et enfin à
tion des froma-
trie laitière de-
portante : « La

Baratte avec touffe de myrte
servant de passoire (Ariège).
(*Collection Vergnes.*)

Serres nous dit que certains
tation de plusieurs siècles,
Roquefort fait avec le lait
soupçonne fort celui-ci
« Dans les pâturages de
si, paissaient de nombreux
en raison de sa quantité et
branche considérable du
Lorrains l'invention de con-
son temps, à en juger par
(d'ailleurs analogues à ceux
à apporter au nettoyage
et de fromage-
sure à cailler
la conserva-
ges, l'indus-
vait être im-
laiterie et la

fromagerie seront bien tenues, il faut laver et fourbir
tous les jours seillons, huches, pots, terrines, couloires, vaisselles, esclisses, cagerettes, cha-
zières, et semblables servant à ce mesnage... Plusieurs matières il y a pour
préparer et cailler le lait, dont la meilleure
est la tourneure des chevreaux, aigneaux
et veaux, à faute desquelles ou par curiosité se sert-on de la fleur de chardon privé,
de la graine du chardon béni, du laict de
figuié, de la tourneure de lièvre, de la racine d'orties. A la tourneure des jeunes

Baratte en grès
(Bretagne).
Musée du Trocadéro.)

Baratte en bois
(Ariège).
(*Collection Vergnes.*)

chevreaux et aigneaux pour en faire de bonne présure, adjouste-t-on un peu de safran, de geingembre et de poivre pulvérisés avec bonne quantité de sel. Les artusons, mittes, vermisseaux et autres bestioles ne mordront au froumage si on les frotte avec la lie molle de bon vin ou du fort vinaigre, ou du jus d'escorce de noix verte et escachée, ou de celui de mures fraiches, ou de celui de farine de lin, du marc de ladite graine, du beurre, de l'eau-de-vie. On les préserve aussi de la corruption par les feuilles de serpentaire. Pour conserver les fromages quand ils seront secs, les tenir dans du millet, de l'orge ou du froment. »

Seau en bois pour le lait (Ariège).
(*Musée du Trocadéro.*)

La fabrication des principaux fromages appréciés des consommateurs, exigeant une installation spéciale, se transforma peu à peu; certains, comme le Roquefort et similaires, les Bric, les Camembert, etc., devinrent l'objet de véritables exploitations industrielles; d'autres, tels que les Gruyères, nécessitèrent la construction d'associations de production, qu'on appela *fromagères*, et les cultivateurs ne continuèrent guère à faire eux-mêmes que les fromages de chèvre, de brebis et ceux de vache nécessaires à leur consommation.

L'outillage des laiteries ne fit que s'améliorer depuis, surtout dans les grandes régions d'élevage, telles que la Normandie, la Bretagne, le Cantal, le Dauphiné, etc. Dans chaque région, on adopta certaines formes de vaisseaux qu'on estimait plus propres que toute autre à la conservation du lait. On en faisait en cuivre, en fer-blanc (cannes), en poterie mate ou vernissée, en bois (gerles), etc.; tout cela n'a pas changé. En même temps la production du beurre s'accroissait. Au système primitif de fabrication du beurre en secouant le lait dans des gourdes, avait succédé, depuis les Celtes et les Germains, l'usage de la baratte en bois, sorte de haut et étroit tonnelet conique vertical dans lequel se meut un pilon qui brasse le lait. Ce procédé, conservé encore dans bien des campagnes, fut modifié un peu en Bretagne, où on substitua le pilon en terre cuite au pilon de bois, mais, dans d'autres pays, on remplaça cette baratte par des barattes fort différentes, par exemple par un tonnelet ou récipient horizontal ou vertical dans lequel tourne un axe muni d'ailettes en bois (bat-beurre); ou bien par un tonneau horizontal tournant à l'aide d'une manivelle entre deux montants de bois et muni à l'intérieur de palettes en longueur percées, fixées le long des douves, contre lesquelles le lait se heurte (Normandie, Picardie, Flandre), ou de palettes triangulaires pointant vers l'axe du tonneau (Savoie). Ces outils n'ont guère été modifiés et c'est d'eux que procèdent en fait toutes les barattes modernes, sauf, bien entendu, les appareils centrifuges d'invention toute récente.

La fabrication du beurre était généralement une industrie domestique, et chacun travaillait dans sa ferme une partie du laitage produit par ses vaches pour le porter au marché. Il en résulta la nécessité de marquer chaque motte d'un signe distinctif, permettant aux acheteurs de bien reconnaître son origine et montrant que le vendeur revendiquait les responsabilités de la qualité. Aussi, presque partout adopta-t-on dans ce but l'usage des marques à beurre, sorte de cachet en bois de frêne, en buis ou en poterie, sur lesquelles étaient gravés en creux des emblèmes, initiales ou figures, ou des roulettes de bois gravées qui, appuyées sur la motte, y imprimaient leur dessin.

Pot à fromage Ariège.
Musée du Trocadéro.

Amours occupés à faire l'huile. d'après une fresque de la maison des Vetti (Pompéï).

HUILE

Les Celtes ne connaissaient pas l'huile d'origine végétale, ils employaient la graisse de porc fondue ; du reste, l'olivier, qui est certainement la plus importante des plantes oléagineuses, ne pouvait supporter le climat de la plus grande partie des régions celtiques, et sa culture, dans l'antiquité comme aujourd'hui, ne pouvait être pratiquée plus haut que le méridien de Valence.

Elle fut d'ailleurs en honneur de bonne heure dans la Provence et la Gaule Cisalpine, et les olives du pays produisaient une huile très appréciée sur place, mais peu estimée au dehors.

Après la récolte, les olives étaient portées chez le presseur d'huile et soumises au concassage, qu'on obtenait en les faisant broyer dans une auge circulaire par des meules de pierre mues par un manège qu'on faisait tourner à bras d'homme ou avec l'aide d'un âne.

La pâte grasse formée par les olives broyées était recueillie dans des sacs de nattes perméables et empilés ; sur la pyramide ainsi formée on versait de l'eau bouillante tirée d'une chaudière placée, à portée afin d'humecter la pulpe des olives et de coaguler ses parties albumineuses ; la pâte était alors reportée sous le pressoir.

Les pressoirs devaient être semblables à ceux usités par les Romains au premier siècle de notre ère, dont on a retrouvé la peinture sur des fresques d'Herculanum et de Pompéï, ainsi que nous l'avons dit à propos des pressoirs à vin. Ces pressoirs, qui semblent bien n'avoir été utilisés que dans l'huilerie, se composaient d'un soubassement en pierre avec cuvette centrale et conche, dans lequel étaient fixés deux bâtis massifs en bois verticaux,

Vase à huile (Bresse)
(Musée du Trocadéro.)

dans chacun desquels était ménagée une fente fermée par la traverse supérieure ; sur ce soubassement, entre les bâtis, étaient placés les fruits à broyer ; au-dessus, on disposait une tablette munie de deux tenons insérés dans les fentes des bâtis, de manière à pouvoir y glisser facilement tout en maintenant l'horizontalité de la tablette. Sur la ta-blette on mettait une rangée de rondins de bois, sur ces ron-dins une seconde tablette semblable à la première, puis des rondins et des tablettes alternativement jusqu'au faîte qui était formé d'une lourde traverse emboîtée solidement dans les sommets des bâtis. Pour obtenir la pression, on intro-duisait par les fentes des bâtis des coins de bois entre les rondins et les tablettes, et il suffisait de frapper à grands

Vase à huile orné de dessins (Bourgogne). *Musée du Trocadéro.*

coups de gros maillets les têtes des coins pour les faire enfoncer, et forcer ainsi les tablettes à descendre. Dans ce but, deux ouvriers armés de mail-lets à manche suffisamment long se tenaient chacun d'un des côtés du pres-soir.

L'outillage du pressoir d'huile comprenait, outre le pressoir et les chaudières à eau, en cuivre, des futailles avec couvercles pour mettre l'huile, quatorze vaisseaux pour survider les chaudières d'huile, deux grandes tasses et deux petites, trois couloires de cuivre, deux amphores, un pot à l'eau, une urne de cinquante *sextarii*, une mesure d'un *sextarius* pour l'huile, une petite cuvette, deux entonnoirs, deux éponges, etc., etc.

Moulin à huile. d'après une fresque de Pompéï.

Pendant longtemps la consommation de l'huile d'olive se fit uniquement dans les pays producteurs ; peu à peu cependant elle péné-tra dans les autres régions de la France, mais son prix de revient élevé, la difficulté et la cherté des transports faisait de cette huile une denrée de luxe réservée aux classes riches. L'abondance du beurre dans les provinces moins chaudes que la Provence rendait d'ail-leurs son usage moins nécessaire ; cependant l'u-tilité, dans certains cas, d'une graisse toujours liquide ne pouvait être longtemps méconnue, et les habitants des régions où ne poussait plus l'olivier cherchèrent à suppléer à l'olive en extrayant l'huile des graines ou plantes oléagi-neuses qu'ils avaient sous la main ; ils arrivèrent de bonne heure à reconnaître la possibilité de l'obtenir de la faîne, le fruit du hêtre, qui croissait spontanément en abondance dans leurs forêts, puis de la noix, etc.

Pour y arriver, ils se servaient de pressoirs à coins semblables à ceux dont nous venons de parler et qui ont persisté jusqu'à nos jours pour la fabrication des huiles de faines et de noix dans quelques pays, comme le Morvan, où nous en avons vu fonctionner un au moulin du Pont-Rio, près Saint-Brancher, ne différant guère de ceux de Pompéï qu'en ce que le soubassement de maçonnerie est remplacé par une auge en fer, l'empilement de tablettes et de rondins par une large masse pleine en bois taillée en biseau à sa partie supérieure pour recevoir l'action des coins, et en ce que les maillets, au lieu d'être libres, sont suspendus à la hauteur voulue par une corde attachée au plafond, ce qui en rend la manœuvre bien plus facile et moins fatigante.

Les deux industries de l'huile d'olive et de l'huile de noix et faines, etc., se poursuivirent concurremment avec les mêmes machines sans grand progrès; cependant vers le milieu du Moyen Age, dans les exploitations trop importantes pour se contenter du minime produit du pressoir à coins, on lui substitua le pressoir a levier déjà en usage chez les viticulteurs.

Vers le seizième siècle, on commença à extraire l'huile des graines du pavot-œillette dans les Flandres.

Moulin à huile, d'après Jost Ammam.

L'huile d'œillette entra rapidement dans la consommation, mais au dix-huitième siècle le bruit se répandit qu'elle possédait des propriétés narcotiques nuisibles à la santé; ces préventions amenèrent, malgré l'avis contraire de la Faculté de Paris, le Châtelet à rendre des sentences en 1718, 1735, 1742, et le Parlement en 1755, pour interdire aux marchands d'huile de mêler l'huile d'œillette à l'huile d'olive. Cependant   médecins continuaient à s'élever énergiquement contre ce préjugé; l'abbé Rozier prit en main la cause de l'huile d'œillette, se livra à des expériences mettant hors de doute son innocuité et obtint de la Faculté de Paris, en 1774, qu'elle demandât le retrait des arrêtés défendant l'usage de l'huile de pavot. La Faculté obtint gain de cause et des lettres patentes rendirent la liberté au commerce des huiles d'œillette. A la suite de cette décision, la culture du pavot prit un grand essor et s'introduisit dans la Lorraine, l'Alsace et l'Artois.

A peu près à la Renaissance également, on cultiva industriellement pour en exprimer l'huile le chou-navette dans les Flandres, la Normandie, la Lorraine et la Franche-Comté. Les huiles de navette les plus estimées étaient celles de Normandie. Ces huiles n'entraient pas d'ailleurs dans l'alimentation et servaient pour l'éclairage et d'autres industries.

C'est seulement en 1784 qu'il est fait mention de la culture du colza comme plante oléagineuse, et ce n'est qu'en 1788 qu'elle se répandit dans les départements du Nord et du Pas-de-Calais, d'où elle s'étendit depuis dans la Somme, la Seine-Inférieure, le Calvados et Seine-et-Oise.

Jusqu'au milieu du dix-neuvième siècle, on se servait, pour le broyage de toutes ces graines, de boccards, série de mortiers dans lesquels manœuvraient d'énormes pilons en bois et fonte soulevés alternativement en l'air par un rouleau à cames mû par des moulins à vent; il y en avait autrefois plus de cinq cents aux portes de Lille. Les graines écrasées étaient pressurées sous des pressoirs à coins ou sous le roulement des meules verticales en granit.

Vase à huile (Poitou).
(*Musée du Trocadéro.*)

VINAIGRE

La fabrication du vinaigre a été bien longtemps et est encore plutôt une industrie domestique qu'une production industrielle ; dans toutes les fermes, depuis l'antiquité, on conservait, précieusement accroché hors de portée des mains, un petit tonnelet de bois ou de poterie dans lequel on gardait du vin aigri, pour le transformer en vinaigre, et qu'on transmettait précieusement de père en fils, estimant que les vases à vinaigre les plus anciens sont les meilleurs et que le vinaigre s'y fait plus fort.

(Tonnelet à vinaigre Franche-Comté).
(Musée du Trocadéro.)

Pour obtenir la fermentation acétique, on se bornait à mêler au vin une mère de vinaigre, c'est-à-dire un sac à claire-voie contenant une certaine quantité de *mycoderma aceti*, le champignon qu'on recueille à la surface des vins tournés.

A la fin du dix-septième siècle, on introduisit en France le procédé de Boerhaave pour fabriquer le vinaigre en plus grande quantité, dans un tonneau à double fond, avec les rafles et pellicules de raisin provenant du chapeau de vendange aérées puis arrosées de vin.

Enfin on inventa dans notre pays la méthode dite orléanaise, qui permet de fabriquer le vinaigre en grand à l'aide d'appareils spéciaux, et la création des vinaigreries commerciales amena peu à peu la disparition presque complète de l'usage de faire les vinaigres chez soi.

SUCRE

Nos pères, obligés de renoncer à la culture de la canne à sucre tentée en France au Moyen Age, ne revinrent pourtant pas pour cela à l'usage exclusif du miel : ils firent venir du sucre tout préparé de l'étranger et de nos colonies surtout qui produisaient le sucre, si estimé dès le seizième siècle, de Saint-Thomas et

Préparation du sucre, d'après une gravure de Stradan.
(Collection Hartmann.)

de Saint-Domingue, et des chargements de sucres bruts qui étaient traités et raffinés en France dans des usines spéciales qui ne tardèrent pas à donner des produits considérables. En 1664, Colbert frappa même les sucres d'un impôt ; c'était le premier, mais ce ne fut pas le dernier.

Depuis 1607, Olivier de Serres avait signalé la présence du sucre dans les racines de betteraves, mais aucun essai ne fut fait pour l'extraire avant les tentatives de l'Allemand Margraff en 1747, dont les analyses et les expériences eurent d'ailleurs un caractère plutôt scientifique qu'industriel et ne donnèrent naissance à aucune entreprise commerciale.

Lorsqu'à l'époque de la Révolution les rapports commerciaux furent interrompus avec les Antilles, les mers étant fermées à nos vaisseaux, nous cessâmes de recevoir du sucre de canne de Saint-Thomas et de Saint-Domingue et il fallut bien chercher un succédané.

C'est alors que Deyeux rappela à l'Institut les découvertes anciennes de Margraff et celles plus récentes d'Achard sur la possibilité d'extraire du sucre de la betterave blanche. Une commission fut chargée par l'Institut d'étudier la question; elle arriva, mais seulement en 1800, à produire du sucre de betterave revenant à 1^{fr},80 le kilogramme, et en 1812, pendant le blocus continental, Napoléon institua cinq écoles de chimie sucrière et accorda de nombreux avantages à ceux qui s'occupèrent de propager et perfectionner la raffinerie de la betterave. La création de nombreuses fabriques résulta de cette puissante impulsion et les procédés de fabrication s'améliorèrent considérablement, grâce aux efforts de Mathieu de Dombasle, Crespel, Delisse, etc.

Le premier résultat de ces découvertes fut de favoriser la culture de la betterave, qui jadis limitée, lorsque cette plante n'était utilisée que pour la nourriture des bestiaux ou comme racine potagère, put être alors exploitée industriellement. Les cultivateurs commencèrent à en planter des champs entiers; les horticulteurs, à l'exemple de Vilmorin, s'efforcèrent de rechercher, créer et propager les meilleures variétés au point de vue de la proportion du sucre qu'elles contenaient; on imagina des instruments de culture et charrues spéciales, et sa culture prit une importance de premier ordre dans les départements du Nord, du Pas-de-Calais, de la Somme, de l'Aisne et de l'Oise.

BIÈRE

Le brasseur, quinzième siècle,
d'après Jost Ammam.

Les auteurs anciens nous apprennent que les Gaulois fabriquaient plusieurs sortes de bière avec différents blés et diverses céréales; Pline nous dit qu'ils connaissaient la levure de bière et nous cite la « *cervicia* » cervoise, puis Poseidonius nous parle de celle dite *zythos*, sucrée avec du miel qui ne paraissait que sur les tables des maisons aisées, et de la *corma*, bière sans miel que buvait le reste de la population.

Chez les Gallo-Romains, la fabrication de la bière prit de l'extension au moment où l'empereur Domitien donna l'ordre d'arracher les vignes, et elle nous est présentée comme la boisson générale dans les métairies de cette époque; les ouvriers dans leurs demeures puisaient la bière dans une marmite placée au centre d'un trépied de bois aux pieds courts et boiteux avec des pots de terre, des vases d'étain, des cornes de bœufs, et les jours de fête ils allaient en boire à la taverne, en chantant d'une voix enrouée, et détacher les rouges boudins aromatisés de serpolet qui pendaient en guirlandes odorantes aux solives d'une cuisine enfumée.

Toutefois ce produit était des plus médiocres parce que le procédé pour l'obtenir consistait simplement à faire macérer dans l'eau, de l'orge, de l'avoine, etc., et ceux qui trouvaient la décoction trop amère l'édulcoraient avec du miel; aussi est-ce à cause de l'infériorité de cette boisson que l'empereur Julien l'Apostat l'apostrophait en ces termes : « Non, tu n'es pas la vraie fille de Bacchus, l'haleine du fils de Jupiter sent le nectar et la tienne est celle du bouc. »

Dans les banquets au neuvième siècle, où ruisselaient les boissons du Nord et du Midi, il est fait mention de la bière; mais elle ne devait pas être fameuse,

8

car au treizième siècle elle ne s'était pas encore améliorée, puisqu'il nous est dit que les boissons tirées de l'orge n'étaient pas goûtées et la cervoise non plus. Cependant il existait encore à Paris une corporation de cervoisiers qui, en 1264, reçut une organisation définitive.

Il leur était interdit d'employer dans leur fabrication d'autres ingrédients que de l'eau, de l'orge, du méteil et de la dragée, c'est-à-dire des menus grains, tels que vesces, lentilles et avoines, mais ils n'obtenaient plus leur produit par macération ; suivant la recette de Pline l'Ancien, ils avaient l'art de cuire la bière et c'est sans doute à cette découverte qu'elle dut sa réhabilitation intérieure.

En France, au seizième siècle, on fabriquait deux sortes de bières, l'une forte, l'autre faible ; la première était appelée « bière des pères », parce qu'elle était bue par les moines, et la seconde « bière de couvent » parce qu'elle était réservée aux couvents de femmes.

Au dix-septième siècle, sous Louis XIV, la fabrication de la bière était fort importante si on en juge par le nombre des maîtres brasseurs qui existaient alors à Paris, il y en avait 78, et elle le devint plus encore dans la suite, puisqu'en 1776 la corporation des brasseurs fut érigée en communauté et demeura ainsi jusqu'en 1789.

CIDRE

Les Gaulois faisaient du cidre, et Pline et Diodore de Sicile nous disent que les Romains appréciaient beaucoup les pommes de la Gaule. Ils appelaient *pomaceum* et *pomatium* le cidre de pommes, *piraticus* et *piratium* celui de poires.

Sous le nom de *sicera*, les moines du quatrième siècle désignaient toutes les boissons fermentées autres que le vin, mais la tradition relative à la fabrication du vrai cidre de pommes semble s'être perdue jusque vers la fin du douzième siècle à peu près complètement, puisque c'est seulement à cette époque qu'elle fut retrouvée par les Normands et les Basques qui prétendaient même, selon le vieux Le Paulmier, avoir découvert cette boisson et s'en disputaient l'invention.

Pot à cidre, tête de chien.
(*Musée du Trocadéro.*)

Mais à partir de ce moment la brasserie du cidre ne cessa plus de se pratiquer au moins dans l'Ouest de notre pays, où presque toutes les fermes possédaient un pressoir, car peu à peu elle disparut de la Biscaye. Ce fut surtout dans le Cotentin qu'elle se développa, et la consommation du cidre ne devint courante à Rouen qu'au commencement du seizième siècle; un peu plus tard, les agronomes Du Perron, Le Paulmier en font l'éloge, et ce dernier, en véritable amateur, dit : « Toutes sortes de pommes douces, meslées ensemble, font le bon cidre, mais il s'en trouve de plusieurs espèces, lesquelles séparément sidrées le font très excellent. »

Depuis, la culture du pommier s'étendit dans plusieurs de nos provinces en même temps que celle de la vigne diminuait ou disparaissait, et non seulement la Normandie et la Bretagne, mais encore le Maine, l'Anjou et bien d'autres pays produisirent le cidre en abondance jusqu'à nos jours, avec un matériel dont l'aspect primitif et la rusticité dénotent une assez grande ancienneté.

Les pommes cueillies, arrivées au degré de maturité voulu, sont d'abord pilées; le plus ancien outil de pilage cité en Normandie (encore en usage chez quelques pauvres cultivateurs) était un pilon en bois dur, avec lequel on écrasait les pommes dans un baquet.

A une époque fort ancienne, on imagina pour les exploitations plus importantes le tour à piler. Dès le seizième et le dix-septième siècle, c'était une auge circulaire en bois faite de pièces rapportées ; au centre de cette auge se dressait un axe vertical formé d'un gros madrier percé d'un trou à une certaine hauteur, et pivotant entre une des poutres du plafond et un bloc de bois ou de pierre fixé en terre ; dans l'ouverture de cet axe était passé un essieu soutenant deux meules de bois épaisses et lourdes roulant dans l'auge ; l'essieu dépassait d'un côté une des meules et surplombait, au delà du bord extérieur de l'auge, d'une longueur suffisante pour qu'on pût y atteler un cheval. On garnissait l'auge de pommes, et le cheval tournant autour en cercle faisait avancer les roues qui broyaient les fruits.

Quelques perfectionnements furent apportés à ce tour ; on remplaça l'auge de bois par des auges en pierre de taille ou granit ; on supprima une des roues en donnant à celle restante de plus grandes dimensions ; enfin on adapta en arrière de la meule une barre de bois frôlant obliquement les bords de l'auge, pour rejeter à l'intérieur les morceaux de pulpes que la meule en tournant avait fait remonter le long des parois. Depuis, le tour a été remplacé dans beaucoup d'endroits par le grugeoir à pommes, sorte de laminoir cannelé.

Après le pilage, on transportait la bouillie ainsi obtenue dans des cuviers pendant vingt-quatre heures, puis on la comprimait sous des pressoirs à leviers semblables à ceux que nous avons décrits dans le chapitre sur la viticulture, afin d'extraire tout le jus de la pulpe.

Ces procédés n'ont reçu d'autres perfectionnements que ceux amenés par les progrès de la mécanique dans la construction des pressoirs et sont encore usités de nos jours.

Frontispice du *Traité de chimie* de Lémery (1730).

DISTILLATION

La distillation au seizième siècle,
d'après Agricola : *De re metallica*.

Les Gaulois et les Gallo-Romains ne distillaient pas; aucun écrivain de cette époque ne nous apprend qu'ils aient su tirer de l'alcool de leurs liquides spiritueux, marcs divers, etc., et pourtant la distillation était en usage depuis longtemps en Égypte pour la parfumerie et la médecine.

C'est pour les mêmes applications qu'elle fut, au commencement du Moyen Age, usitée par les premiers alchimistes qui la pratiquaient sous de très petits volumes de matière première, avec des appareils bizarres d'une imperfection tout à fait primitive.

Les croisés rapportèrent en France l'alambic arabe employé en Palestine et en Arabie pour la fabrication des essences de roses et d'autres fleurs; cet appa-

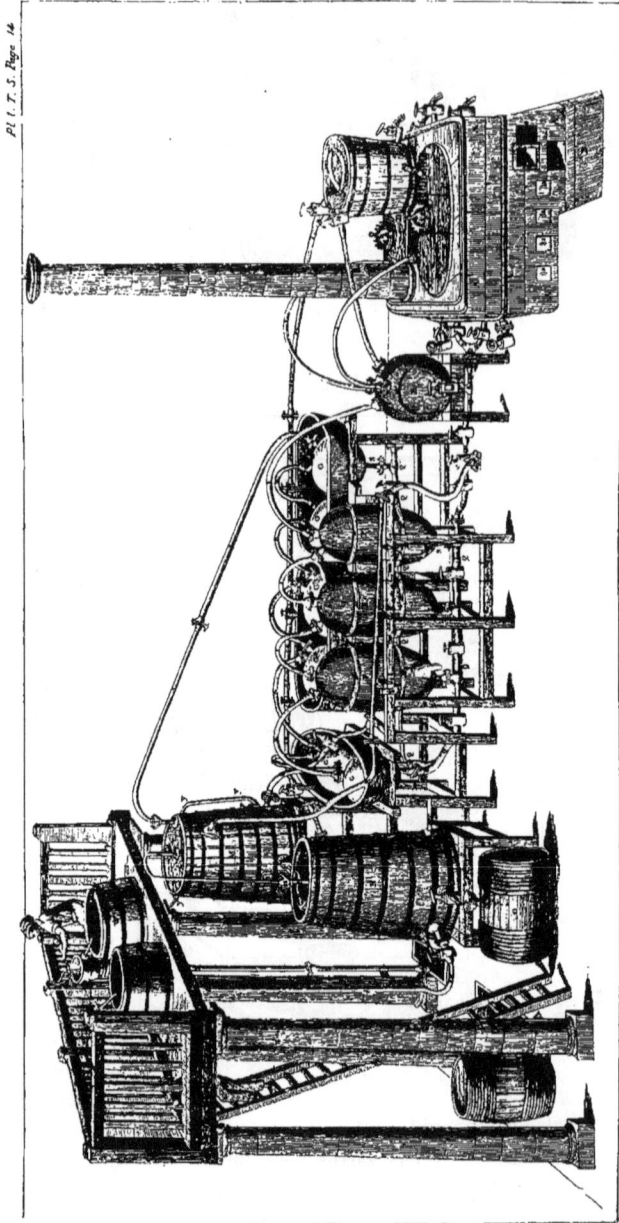

Alambic d'E. Adam (1801).

reil constituait un grand progrès sur les appareils distillatoires employés jusque-là et permit d'extraire les alcools en plus grande quantité : aussi ne tarda-t-on

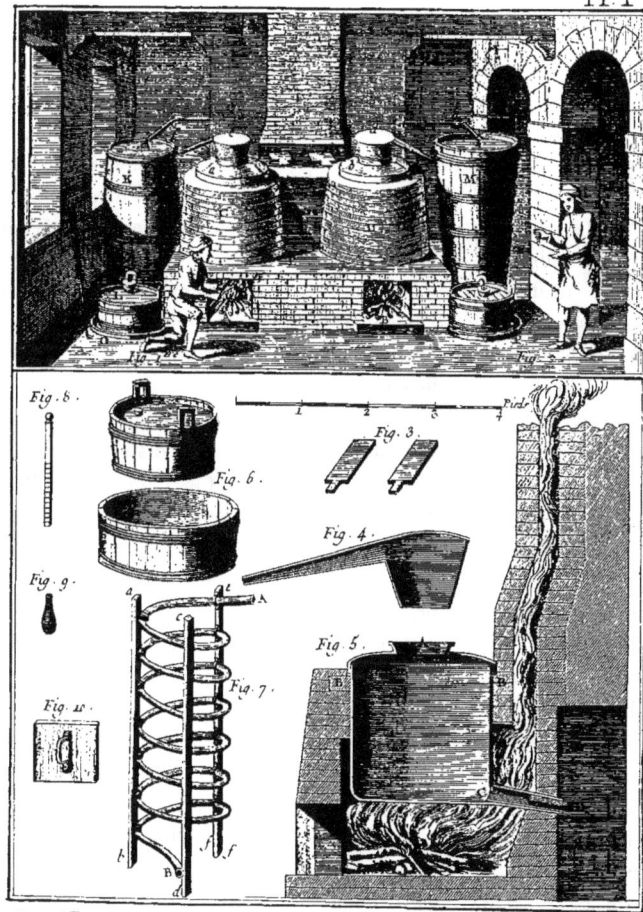

Distillateur Liquoriste Limonadier, Distillation de l'Eau de Vie &c.

Type de l'alambic de Parmentier 1802.

pas à distiller celui du marc de raisin et du vin, auquel on donna le nom d'*eau ardente* d'abord, puis au treizième siècle d'*eau-de-vie*.

« Le croirait-on, écrit Arnaud de Villeneuve, on tire du vin une eau de vin, qui n'en a ni la couleur, ni la nature, ni les effets : on a donné à cette eau de vin le nom d'*eau-de-vie*, et certes ceux qui en ont éprouvé l'efficacité trouvent ce nom bien justifié, puisque certains modernes ont avancé que c'était une eau éternelle, une eau d'or, à cause de la sublimité de son action. Cette eau-de-vie ou eau de vin est une grande chose, dont les effets sont inappréciables, et déjà beaucoup de gens en ont reconnu les vertus. »

Comme on le voit, ce n'est qu'au point de vue thérapeutique qu'Arnaud de Villeneuve fait l'éloge de l'eau-de-vie, et ce fut en effet pendant longtemps le seul emploi de cet alcool; mais, au commencement du dix-septième siècle, les alcools cessèrent d'être uniquement réservés à la médecine et devinrent d'un usage général. Héligot nous fait connaître que les Jésuites, dont l'ordre fut supprimé en 1668 par Clément IX, s'occupaient à préparer non seulement des médicaments pour les pauvres mais encore à distiller des eaux-de-vie, d'où leur vint le nom de « Glé padri d'ell' acqua vita ».

Cependant l'eau-de-vie devait être employée par certains producteurs viticoles et divers fabricants, pour confectionner des liqueurs en l'additionnant de sirops et d'aromates, car en 1676 la distillation avait pris une importance assez grande pour qu'on réglementât le commerce des alcools, en accordant certains privilèges et obligeant à certaines charges les limonadiers fabricants de liqueurs, et en 1687 plusieurs arrêts spéciaux imposèrent des redevances importantes aux distillateurs de l'Aunis, de la Saintonge, de l'Angoumois, de la Guyenne, de la Gascogne et de la Bretagne.

C'est également au dix-septième siècle que les études entreprises par les professeurs du Jardin du roi, comme Glazer et Charras, et les recherches des chimistes, comme Glaubert, Arnaud de Lya, Barlet, amenèrent diverses modifications dans la construction des alambics.

Jusqu'en 1696 on n'extrayait les alcools que des liquides, mais à cette date on commença à en tirer du marc de raisin, des cerises, des prunes, des baies de sureau.

Le dix-huitième siècle vit enfin les procédés de distillation, quoique reposant toujours sur les mêmes principes, s'améliorer sensiblement tant comme outillage que comme méthode, grâce aux efforts des Baumé, Ficher, Berlier, Norberg, Stone, Moline, de Machy, Argand, Chaptal, Parmentier, Poissonnier, Trudaine, Lavoisier, Berthollet, Fourcroy, Vauquelin et Guyton de Morveau.

Mais ce ne fut qu'au commencement du dix-neuvième siècle que l'invention de l'ingénieur E. Adam de Nimes, qui permettait d'obtenir directement et d'un seul coup l'alcool rectifié, transforma cette industrie. Les alambics d'Adam, perfectionnés par Solimani, Bérard, Ménard, Allègre (distillateurs du Gard), furent adoptés immédiatement dans le Midi où ils remplacèrent partout les anciens appareils, et se répandirent de là dans le reste de la France; c'est eux qu'on peut considérer comme ayant constitué le type original de nos appareils modernes.

Nous n'entrerons pas dans le détail de tous ces appareils anciens et modernes, qui ont déjà été représentés et décrits avec tant de soin dans les excellentes *Recherches rétrospectives sur l'art de la distillation* de M. J. Dujardin.

SCÈNE DE L'INDUSTRIE TEXTILE AU MUSÉE RÉTROSPECTIF

TEXTILES

Les corderies étaient fort anciennes en Gaule et le chanvre des bords du Rhône était réputé. Le lin était d'un usage général ; celui de Cadurci (Quercy) était recherché pour les matelas et les lits rembourrés, qui étaient d'invention gauloise ; on s'en servait beaucoup aussi pour fabriquer les voiles.

On sait que nos ancêtres celtes utilisaient également la toison du mouton pour faire des fils et des étoffes, et que ces industries avaient même pris une grande importance dans certaines régions, notamment chez les Lygiens.

Plus tard, elle se développa encore considérablement, et leurs produits acquirent une juste renommée, surtout les toiles de lin et de chanvre et les lainages.

Aux septième et huitième siècles, les dames nobles filaient, et la mère de Charlemagne, Berthe, était une fileuse distinguée. Au douzième siècle, cette coutume se perdit chez les femmes de haute naissance, mais au quinzième siècle elle revint en honneur. A cette époque, des quenouilles d'une grande élégance furent faites pour les jolies mains qui devaient les utiliser.

On trouve, en effet, dans diverses collections des quenouilles gracieusement sculptées datant du commencement du seizième siècle ; elles sont faites d'ivoire ou de bois de prix.

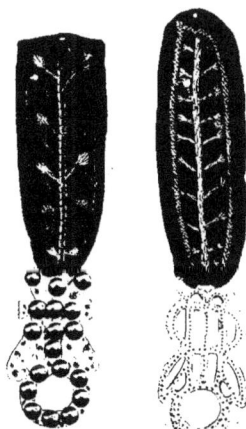

Quenouilles de mariage en bois sculpté (seizième et dix-septième siècles). (Musée de Cluny.)

Affiquets de fileuses (Ariège).
(*Musée du Trocadéro.*)

Mais c'étaient surtout les paysannes qui s'adonnaient à cette occupation, et on sait comment l'ingéniosité des ouvriers de la campagne arriva à créer dans chaque province des types locaux de quenouilles et de fuseaux souvent fort élégants et d'une variété de formes infinie, ici en roseau, là en osier, ailleurs en châtaignier, en frêne, en buis, en merisier, en toutes sortes de bois, souvent ornés de cuivre ou d'étain.

Le rouet servant à filer le chanvre ou le lin ne paraît pas avoir été en usage avant le quinzième siècle.

Les personnes de la noblesse comme les roturières, au Moyen Age, faisaient beaucoup de broderies, tapisseries et autres ouvrages d'aiguille, aussi se servaient-

Rouet horizontal (Morvan).
(*Musée du Trocadéro.*)

elles du dévidoir. Il était formé d'un plateau inférieur à rebords, d'une tige et d'un moulinet horizontal fait de deux palettes divisées en trous espacés, afin de pouvoir maintenir sur ces palettes des écheveaux de fil, de laine ou de soie de dimensions différentes en avançant ou en reculant les chevilles qui pénétraient dans les trous.

Ces objets sont encore en usage aujourd'hui.

Les procédés de rouissage, de teillage, de cardage, de peignage et de filage des textiles se perpétuèrent sans changement sensible pendant bien longtemps, et ce n'est qu'au commencement de ce siècle, que Philippe de Girard inventa le métier permettant la filature du lin.

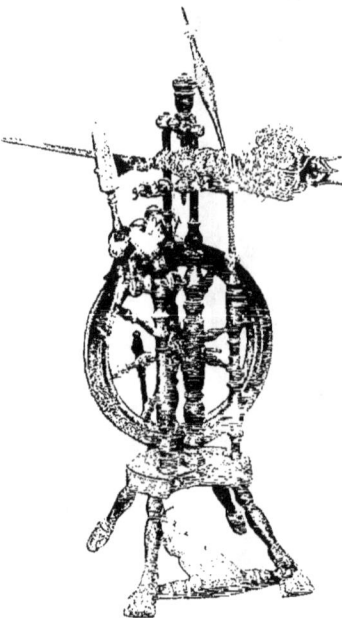

Rouet vertical (Normandie).
(*Musée du Trocadéro.*)

VANNERIE

Panier à salade, vannerie de la Franche-Comté. (*Musée du Trocadéro.*)

On sait que la vannerie, industrie primitive pratiquée en tous temps par tous les peuples, même les plus sauvages, parce qu'elle n'offre pas de grandes difficultés d'exécution et utilise les matériaux qu'on a partout sous la main, était usitée en grande partie chez les anciens. Les Gaulois comme les Romains se servaient en toute occasion de corbeilles, de cabas tressés en osier, en jonc, en branchages, en roseaux.

Des sculptures gallo-romaines nous apprennent même que nos ancêtres savaient fabriquer en vannerie la caisse de leurs chariots à vendanges et travaux agricoles et utilisaient des hottes, des vans, des ruches et autres ustensiles de même sorte.

Depuis, l'adresse des ouvriers vanniers a multiplié les utilisations des vanneries en paille, osier, saule, chèvrefeuille, bouleau, écorce de châtaignier, chêne, etc., et créé des formes infinies et des combinaisons de dessins d'une délicatesse extrême.

Eclateur d'osier (Sarthe). (*Musée du Trocadéro.*)

Aiguille perçoir en os. (Bourbonnais.) (*Musée du Trocadéro.*)

Pour exécuter leurs travaux, les vanniers n'ont jamais eu besoin que d'un bien petit nombre d'outils : un moule en buis, à tête constituant un biseau plus ou moins compliqué pour éclater et diviser les branches d'osier ; une palette en os de forme particulière servant de coin et de poinçon pour écarter les mailles au besoin, dont on trouve des exemplaires identiques à la fois dans les fouilles des demeures préhistoriques et entre les mains de nos modernes ouvriers du Bourbonnais et de la Provence, et enfin des moules en bois de calibres et profils divers, pour obtenir dans certains cas l'identité et la régularité des mailles.

Au point de vue agricole, cette industrie n'eut pour

conséquence que de répandre l'usage de la culture de l'osier en haies ou en rangées intercalées dans d'autres cultures et le faucardement méthodique des joncs et des roseaux de nos cours d'eau et de nos étangs. Elle est restée d'ailleurs une industrie presque uniquement populaire et rustique et n'a donné lieu à la création ni d'outils perfectionnés ni d'ateliers réellement importants.

Panier à pigeons (Provence).
(*Musée du Trocadéro.*)

SUPERSTITIONS

Appareil à clochettes se fixant sur le joug pour préserver les bœufs de la foudre (Auvergne). (Musée du Trocadéro.)

De tous temps, mais surtout autrefois, les gens de la campagne subissant l'influence morale de la vie isolée qu'ils sont obligés de mener, de la mélancolie des logis qu'ils habitent, de l'incertitude où ils demeurent sans cesse des résultats que peut donner le travail — toujours exposé aux dévastations des hommes, des éléments et des maladies — de la terreur instinctive qu'inspirent les grandioses ou mystérieux phénomènes naturels, dont l'explication leur échappe mais dont les résultats si souvent désastreux les frappent, enfin du peu de soin donné en général à leur développen. intellectuel, se sont montrés enclins à subir les influences superstitieuses.

On sait combien d'idées étranges, de préjugés absurdes hantaient l'esprit des cultivateurs romains et pénétraient même jusque dans l'esprit plus éclairé des philosophes et des naturalistes de leur temps, dont les récits vrais nous font sourire aujourd'hui ; au Moyen Age, en France, ce fut bien pis encore et la crédulité des paysans, combinant les traditions occultes païennes et les superstitions religieuses nouvelles, arrivèrent à substituer complètement pour régler leur vie et leurs travaux agricoles, les prescriptions absurdes de tout un code de règles empiriques aux indications résultant de l'observation attentive des faits réels ; jamais la magie, l'astrologie, la divination, l'art des sortilèges ne rencontrèrent d'adeptes plus fervents ni de dévots plus convaincus, jamais les bergers, les rebouteux, les jeteurs de sorts ne jouirent d'une aussi haute importance.

Rien ne se faisait en culture sans tenir compte des influences occultes ou de prétendues prescriptions divines ; avant de commencer aucun ensemencement par exemple, on examinait si les conjonctions des astres et les constellations étaient propices, si la phase de la lune, le jour et l'heure étaient favorables (le vendredi était toujours néfaste), si on ne tombait pas sur un mauvais anniversaire (par exemple celui de saint Léger, car alors le blé serait léger), si on avait pris soin le 1er mars d'allumer des feux dans le champ pour le rendre fertile ; la semence devait être portée au champ dans la nappe qui avait servi le jour de Noël pour qu'il vînt mieux et fût plus beau. On ne plantait jamais de la vigne les années bissextiles, on ne la greffait pas le jour de l'Annonciation de la Vierge. L'élevage des bestiaux comportait maintes recettes : il fallait mettre du sel aux quatre coins de leurs herbages, le 1er avril, afin de les préserver des maléfices ; enchanter les mauvaises herbes pour qu'elles ne poussent pas ; faire manger aux vaches dans le même but du pain cuit la veille de Noël ; leur donner à boire avant de rentrer, au retour de la messe de minuit ; enterrer les bestiaux morts dans leurs étables pour que les autres ne meurent pas ; les faire passer entre les fentes d'un arbre creux ou dans un trou creusé en terre pour assurer leur santé ; pour toutes les maladies, il fallait faire porter aux bœufs et chevaux un morceau de corne de cerf ; on suspendait au cou des chevaux une dent de loup pour les rendre infatigables, une pierre percée pour les empêcher de hennir ; on leur mettait un mors fait avec la lame d'une épée ayant tué des hommes, pour les rendre agiles et doux. On ne tondait pas les bêtes à laine à l'octave de la Fête-Dieu, parce qu'elles seraient mortes dans l'année, etc. En outre, il y avait les sortilèges d'un caractère plus général contre les maladies ou intempéries : on plantait dans les champs, pour écarter la grêle, des perches portant des talismans ; il y avait des sorciers (il en existait déjà chez les Francs) qui faisaient tomber à leur gré le tonnerre, la grêle, déchaînaient l'ouragan. Enfin, on pouvait prévoir le temps futur par l'observation climatérique des fêtes religieuses :

> Telles rogations, telles fenaisons,
> Tel saint Urbain, telles vendanges,

de même pour la Saint-Médard, Saint-Barnabé, etc.

Les choses en vinrent à tel point, que le clergé crut devoir intervenir pour ramener les cultivateurs à une plus judicieuse observation des conditions naturelles de la culture. De nombreux synodes, conciles, etc., s'en occupèrent et convainquirent hautement toutes les superstitions. Des saints, des évêques les déclaraient absurdes et exhortaient les fidèles à les déclarer telles. « Comme si, écrivait ironiquement l'évêque Moulice, un certain jour ou une certaine heure pouvait changer la vertu des plantes ou leur donner de nouvelles facultés ou de nouvelles forces. »

Peu à peu, à mesure que l'instruction se répandit et que les intelligences furent mieux éclairées, ces superstitions s'atténuèrent et firent place aux méthodes plus scientifiques de culture préconisées par les agronomes. Mais cette évolution fut bien lente. Ce n'est guère que de nos jours qu'elle s'imposa tout à fait, et encore y a-t-il plus d'un préjugé qui subsiste au fond du cœur de bien des paysans routiniers, alors même qu'ils ne les avouent pas.

Parmi ceux qui ont persisté le plus longtemps, il faut citer ceux relatifs à la cure des maladies des bestiaux. Par exemple, il y a bien peu d'années encore, tous les pâtres menant leurs troupeaux dans les plaines de la Provence en rapportaient des galets de variolite recueillis dans le lit des torrents, et qu'on suspendait en guise de battants, sous le nom de « pierre de la pigote », dans les clochettes des moutons et des brebis pour les préserver de la clavelée. Pour assurer la santé des chevaux en Picardie, on les conduisait processionnellement à Fresnoy-le-Grand le jour de la fête de saint Éloi, et on les faisait défiler devant l'autel de l'église la tête couronnée d'un diadème de papier doré et enrubanné. En Provence, surtout dans la Camargue, on organisait chaque année à la saint Éloi des processions équestres, où les chevaux étaient garnis de harnais et de selles d'une grande richesse de broderies et ornements faits spécialement et qui ne servaient que dans cette circonstance. On ne devait, dans d'autres provinces, laisser sortir aucun cheval

Tête de cheval couronnée d'un diadème de papier doré et enrubanné (Picardie).
(*Musée du Trocadéro.*)

des écuries le jour de la translation des reliques de saint Éloi. Afin de placer la santé des bœufs sous la protection divine, on les conduisait en Bretagne, le jour du Pardon, à la chapelle de saint Cornély, à Carnac, où on vendait des cordes consacrées pour les attacher par les cornes, qu'on gardait ensuite en guise de talisman, puis on promenait les bœufs processionnellement autour d'une fontaine sacrée et entre les alignements des menhirs de Carnac; plus de 15000 bœufs prenaient part à cette cérémonie; on agissait de même pour les veaux et génisses le jour de la Saint-Cornély à Plumelin et à la Grande-Brière, et les animaux présents devaient le jour même de l'année suivante

9

être vendus au profit du curé : les fermiers ne conservaient que les cordes bénites. Les gens de Moncontour menaient leurs vaches pour les immuniser aux reliques de saint Mathurin, mais se contentaient d'une légère offrande à l'église pour reconnaître le service rendu ; ceux d'Helgoat les conduisaient à la chapelle de Saint-Herbot ; en Touraine, on les menait à l'autel de Saint-Martin ; en Auvergne, à celui de Sainte-Amable. Les éleveurs de porcs consacraient leurs bêtes à saint Antoine ; ceux de moutons, à saint Jean-Baptiste ; ceux de chiens, à saint Roch ; nous pourrions aisément prolonger cette énumération, mais nous devons nous borner. Nous ne voulons pas cependant terminer ce rapide exposé de superstitions qui ont donné lieu en France à l'invention par les cultivateurs des curieuses amulettes, qui figuraient dans notre section de l'Exposition, sans mentionner, à côté des saints protecteurs des bestiaux, ceux qu'on invoquait contre les sévices commis par les animaux. On sait que les écarteurs landais, à l'imitation des toréadors espagnols, se plaçaient sous l'égide de certains saints pour éviter d'être blessés par les cornes des taureaux ; saint Hubert, saint Tugen, saint Gilsas guérissaient la rage canine et empêchaient les morsures des chiens enragés ; dans les kermesses des Flandres, on vendait sous le nom de « médaille de saint Hubert » des médailles en métal où était figuré d'un côté le cerf miraculeux et de l'autre une clef que les acheteurs portaient sur eux pour se préserver des morsures ; ces clefs, assurait-on, étaient des réductions exactes et bénites d'une clef miraculeuse en fer, employée à la chapelle de Saint-Hubert en Belgique, pour toucher et cautériser (après l'avoir fait rougir au feu) les plaies des pèlerins mordus par des bêtes enragées ; dans tous les pardons de Bretagne on vendait également une petite clef breloque en plomb ou en laiton, appelée « clef de saint Tugen », pour préserver de la rage, et on touchait les pèlerins avec une clef bizarre con-

Ruban de Sainte-Amable
(*Collection Bonnemère.*)

servée à la chapelle dans un reliquaire d'argent, en commémoration certainement de la légende qui veut que ce saint, qui vécut près d'Audierne, après toutes
sortes de mésaventures causées par une jeune fille, exaspéré, s'écriait « qu'il
aimerait mieux garder un troupeau de chiens enragés qu'une femme ayant
l'amour au cœur ». Enfin, au mois de décembre, à Louiscat, le jour du Pardon
de saint Gildas, on mène encore tous les chiens se plonger dans la fontaine
sacrée, d'où ils sortent immunisés contre la rage, et n'allez pas émettre quelques
doutes injurieux sur l'efficacité de ce traitement, car les naïfs fidèles vous démon-
treraient vigoureusement, par arguments *ad hominem* au besoin, son incon-
testable supériorité sur celui suivi à l'Institut Pasteur.

LES VENDANGES DE SURESNES, D'APRÈS UN CALENDRIER DE 1751.
(Bibliothèque nationale)

Jetons de la corporation des marchands de vin de Paris.
Collection H. Sarriau.

LISTE DES EXPOSANTS

Nous donnons ci-dessous la liste des personnes qui ont bien voulu concourir à l'Exposition en confiant au Musée centennal de l'Agriculture des collections d'objets rétrospectifs souvent de grande valeur, toujours de grand intérêt.

C'est à leur précieux concours qu'a été dû le succès de la section. Nous aurions voulu, en dehors de ceux dont nous avons parlé dans le cours de cette étude, pouvoir décrire ici tous les objets qu'ils avaient apportés; l'espace dont nous disposons ne nous l'a malheureusement pas permis, mais nous ne voulons pas terminer ce travail sans exprimer à nos collaborateurs toute notre reconnaissance et sans leur adresser nos vifs remerciements.

Ecole nationale d'Agriculture de Grignon (Seine-et-Oise) : M. Philipar, directeur.
Ecole nationale d'Agriculture de Rennes (Ille-et-Vilaine) : M. Seguin, directeur.
Ecole pratique d'Aviculture de Sanvic (Seine-Inférieure) : M. Alamassey, directeur.
Ferme-Ecole du Bosc (Aude) : M. Heylles, directeur.
Ferme-Ecole de Puilboreau (Charente-Inférieure) : M. Bouscasse, directeur.
MM. Guerrapin, professeur départemental de l'Aisne.
     Fiévet, professeur départemental des Ardennes.
     Marre, professeur départemental de l'Aveyron.
     De Laroque, professeur départemental des Bouches-du-Rhône.
     Rigaux, professeur départemental de la Lozère.
     Prudhomme, professeur départemental de la Meuse.
     Boyer, professeur spécial de l'Aveyron.
     Jullien, professeur spécial de la Corse.
     Faasse, professeur spécial de la Côte-d'Or.
     Coulpier, professeur spécial de la Gironde.
     Avenel, professeur spécial de la Haute-Marne.
     Serret, professeur spécial du Tarn.

Ecole nationale vétérinaire d'Alfort (Seine) : M. Barbier, directeur.

Ecole nationale vétérinaire de Lyon : M. Arloing, directeur.

Ecole nationale vétérinaire de Toulouse : M. Laulanié, directeur.

MM. Perdrizet, inspecteur des eaux et forêts, à Thonon (Haute-Savoie).

Allart (Gustave), cultivateur, au Mas-du-Bœuf, par Arles (Bouches-du-Rhône).

Alphonse (Antoine), cultivateur, à Montlevon (Aisne).

Amadric (Célestin), instituteur, à Capdenac (Lot).

Arnaud, cultivateur, à la Brillanne (Basses-Alpes).

Artu (Eugène), instituteur, à Genneville (Calvados).

Astier (Jean), cultivateur, à Monthel (Lozère).

Audrin, antiquaire, boulevard Saint-Germain, à Paris.

Azéma (Jean), instituteur, à Mirepoix (Ariège).

Bardet (Henri), viticulteur, 34, place Rabelais, à Tours (Indre-et-Loire).

Basset (Siméon), cultivateur, à Barnave (Drôme).

Bazin (Arsène), 38, rue Eugène, à Caen (Calvados).

Beaubernard aîné, à Montceau-les-Mines (Saône-et-Loire).

Bedel (Albert), bijoutier, à Pornic (Loire-Inférieure).

Bernier, à l'Arbalète, par la Bouteille (Aisne).

Bès, à Manosque (Basses-Alpes).

Bezon (Emile), avocat, à Montluçon (Allier).

Blanchard (Marcel), laiterie de Kermabon-en-Queven (Morbihan).

Blanchard, instituteur, à Cussy-en-Morvan (Saône-et-Loire).

Boizeau (Noël), instituteur, à la Fiole, par Planches (Nièvre).

Bonnemère, 26, rue Chaptal, à Paris.

Bonnet (Charles), docteur, à Château-Queyras (Hautes-Alpes).

Bonnet (Pierre), à Aiguilles (Hautes-Alpes).

Boulare (Louis), à Montlevon (Aisne).

Bourgeois (Léon), à Montlevon (Aisne).

Brancourt, château de Marfontaine, par Saint-Gobert (Aisne).

Mme et Mlle Brancourt, château de Marfontaine, par Saint-Gobert (Aisne).

MM. Brevet (Félix), cultivateur, à Viriat (Ain).

Buffault, à Pierrefitte (Seine).

Burle (Baptistin), boulevard de la République, à Aix (Bouches-du-Rhône).

Cachat (Joseph), à Chamonix (Haute-Savoie).

Cachat (Henri), à Chamonix (Haute-Savoie).

Callaux (Nicolas), à Mont-Saint-Eloi (Pas-de-Calais).

Capitan, docteur, 5, rue des Ursulines, à Paris.

Carnot (François), ingénieur, 16, avenue du Trocadéro, à Paris.

Carrier-Chevalier, à Blesmes (Aisne).

MM. CAUVIER-MÉROT, à Montceau-les-Leups (Aisne).

CAZENAVE, instituteur, à Tartas (Landes).

CHALUT-VOIRY, négociant, à Rochecorbon (Indre-et-Loire).

CHANDORA (Léon), à Moissy-Cramayel (Seine-et-Marne).

CHENAL (Antoine), à Hauteville-Gondon (Savoie).

CHEVALIER (François), horticulteur, à Villefranche-d'Allier (Allier).

DE CONTENSON, à Sennecey, par Saint-Gengoux (Saône-et-Loire).

CONVERSET (Eloi), à Piolenc (Vaucluse).

CORBINEAU, instituteur, à Lussac-de-Libourne (Gironde).

Mᵐᵉ COULET-MARRE, 4, boulevard Gambetta, à Rodez (Aveyron).

MM. COUTON (Eugène), horloger, à Pornic (Loire-Inférieure).

CROZAT (Charles), à la Beaume-Cornillaume (Drôme).

Mᵐᵉ DABAT, 48, avenue de Latour-Maubourg, à Paris.

Mᵐᵉ Vᵛᵉ DANRÉ (Flore), à Gandelu (Aisne).

MM. DECLOUX (Jules), à Tourteron (Ardennes).

DELIGNY, à Besmont, par Aubenton (Aisne).

Mᵐᵉ DENIZEAUX, 4, rue de Provence, à Paris.

MM. DESHAYES (Charles), 133, rue Saint-Dominique, à Paris.

DESPERRIÈRES (Gilles), à la Grange, par la Poissonnière (Maine-et-Loire).

Mᵐᵉ DESTRICHÉ (Isabelle), à Château-du-Loir (Sarthe).

MM. DEVOUASSOUD, négociant, à Chamonix (Haute-Savoie).

DOUCET (Gustave), à Montlevon (Aisne).

DOUGE, 10, rue Carnot, à Avallon (Yonne).

DROUMET (Marius), à Aix (Bouches-du-Rhône).

DUBALEN, conservateur du musée de Mont-de-Marsan (Landes).

DUBUIS-HOUILLE, à Montceau-les-Leups (Aisne).

DUGUÉ (Henri), instituteur, à Sanglier, par Villapourçon (Nièvre).

DUJARDIN, 24, rue Pavée-au-Marais, à Paris.

DUNAND ET JAVARD, 4, rue d'Amsterdam, à Paris.

Mᵐᵉˢ DURAND (Joséphine), 2 bis, rue Vineuse, à Paris.

EMPEYTA (Zélia), à Barnave (Drôme).

MM. EYSETTE (Henri), 4, rue de la Rotonde, à Arles (Bouches-du-Rhône).

FAUCON, à Chamalières (Puy-de-Dôme).

FERRIER (Adolphe), à Dié (Drôme).

FIÉVÉ, docteur, à Jallais (Maine-et-Loire).

FLEURY (Emile), à Noël, par Vineuil (Loir-et-Cher).

FOUILLAUD (Victor), à Melay (Saône-et-Loire).

GAYMARD (Cyprien), à Bourg-Saint-Maurice (Savoie).

GAUDEFROY (Pierre), 109, rue de Javel, à Paris.

GENAILLE (Adam), à Montceau-les-Leups (Aisne).

Mme GENAILLE (Félicie), à Montceau-les-Leups (Aisne).

MM. GERMAIN, à la Fontaine, par Anse (Rhône).

GORLIER, conseiller général, à Aiguilles (Hautes-Alpes).

GORET (Arthur), à Montlevon (Aisne).

GOSSELIN, conservateur du musée de Douai (Nord).

GRANIER (Isaïe), à Fontjuston, par Lurs (Basses-Alpes).

GRENIER, à Mortiers (Aisne).

Mme GRENIER, à Rennes (Ille-et-Vilaine).

MM. GUILLAUME, à Ambérieu-d'Azergues (Rhône).

GUYON, naturaliste, 3, rue Bertin-Poirée, à Paris.

MM. HAMEAU, conservateur de la Station scientifique et zoologique d'Arcachon
(Gironde).

HARTMANN (Georges), 14, quai de la Mégisserie, à Paris.

HÉLOT (Jules), à Noyelles-sur-Escaut (Nord).

HONORÉ (Edmond), instituteur, à Montlevon (Aisne).

HOUPPEAUX (Armand), à Pétrot, par Nesles (Aisne).

HUGON, instituteur, à Savigna (Jura).

LACOSTE, villa Montmorency, 13, avenue des Peupliers, à Auteuil.

LACROIX, ingénieur, rue de la Monnaie, à Caen (Calvados).

LAFOSCADE (Paul), à Houlle (Pas-de-Calais).

LAMEURY, à Mortiers (Aisne).

LANÉRIE (Eugène), à Montlevon (Aisne).

LAMI (René), 4, place Possoz, à Paris.

LANDRIN, 13, rue des Réservoirs, à Paris.

LARANGET (Abel), à Montlevon (Aisne).

LARAUSSIE (Edouard), à Marcillac (Aveyron).

LATOUR (Paul), trésorier de la Société d'archéologie, à Beaune (Côte-d'Or).

LAVILLE, 41, rue Buffon, à Paris.

LE CARGUET, à Audierne (Finistère).

LECLÈRE (Lucien), à la Chapelle-Menthodon (Aisne).

LE CONTE, avenue d'Eylau, 10, à Paris.

LEFEUVRE (Bernard), à Bleuné-aux-Ormeaux, près Rennes (Ille-et-Vilaine).

LEFÈVRE (Jules), 66, avenue Kléber, à Paris.

LION (François), à Piolenc (Vaucluse).

LEVENT (Villette), à Bois-les-Pagny (Aisne).

LÉVÊQUE DE VILMORIN, rue de Bellechasse, 17, à Paris.

LIOTARD (Jean), à Barnave (Drôme).

LOFFINET, instituteur, à Fleury-sur-Loire (Nièvre).

LOUAP, instituteur, à Pelligny, par Alligny-en-Morvan (Nièvre).

LUNET DE LA MALIN, à Planèzes, par Luc (Aveyron).

MM. MADRID DE MONTAIGLE (de), à Léhérié-la-Vieville (Aisne).

Magnan, 14, rue de la Mule-Noire, à Aix (Bouches-du-Rhône).

Mallet (Alexandre), à Montlevon (Aisne).

Martin (Jean), conservateur du musée de Tournus (Saône-et-Loire).

Martin, maréchal, à Montceau-les-Leups (Aisne).

Marty (Jules), à Florac (Lozère).

Maury, à Venterol (Drôme).

Mégnin (Pierre), 6, avenue Auber, à Vincennes (Seine).

Messikomer, 5, rue Pétrarque, à Paris.

Metton (Auguste), à Barnave (Drôme).

Monge (Joseph), à Saint-Nazaire-le-Désert (Drôme).

Moraine, à Hirson (Aisne).

Moutier, ancien instituteur, à Lizy (Aisne).

Obeuf (Jean), à Mont-Saint-Éloi (Pas-de-Calais).

Osée (Martin), professeur, à Vervins (Aisne).

Pavent, à Wiège-et-Faty (Aisne).

Perrayon, à Anse (Rhône).

Perron, à Daon, par Formusson (Mayenne).

Perrousset, au château de Mazille, par Sainte-Cécile (Saône-et-Loire).

Peyron (François), à Saint-Gilles-du-Gard (Gard).

Pignier (Arthur), à Montaigu, par Lons-le-Saulnier (Jura).

Plautin (Baptiste), à Piolenc (Vaucluse).

Poisnal (Delphin), 19, rue Caponière, à Caen (Calvados).

Poix, à Mortiers (Aisne).

Primault (Louis), à Bouchet, par Douzy (Deux-Sèvres).

Quesnel, à Manneville-le-Goupil (Seine-Inférieure).

Archives de la ville de Queyras (Hautes-Alpes).

MM. Rautureau, à la Libretière, par Mouchamps (Vendée).

Reille (Hippolyte), avenue de la Gare, à Gaillac (Tarn).

Renaud, aux Châtaigniers, par Apremont (Vendée).

Renoud (Jean), à Viriat (Ain).

Reynier (Marius), facteur, 8, rue de la Guerre, à Aix (Bouches-du-Rhône).

Rigaudeau, à Launaine, par Mouchamps (Vendée).

Roche (Agénor), à Saillans (Drôme).

Roger (Fernand), 141, rue Saint-Dominique, à Paris.

Saint-Hocquigny, à Brasles (Aisne).

Saint-Preux (de), à Bourguignon-sur-Montbavin (Aisne).

Sauvajon (Cyriaque), à Serves (Drôme).

Séguret (de), à Veyrac, par Luc (Aveyron).

Serres, instituteur, à Parlan (Cantal).

MM. Silvent, à Anse (Rhône).

Simonet (Jules), 66, rue Saint-Jean, à Pontoise (Seine-et-Oise).

Sommet, à Vézelay (Yonne).

M. et Mme Tabardel (Victor), à Villefranche-de-Rouergue (Aveyron).

MM. Taillefer, inspecteur de l'enseignement primaire, à Arles (Bouches-du-Rhône).

Tavan (Alexandre), à la Forêt, près Valence (Drôme).

Théron (Félix), à Villefranche-de-Rouergue (Aveyron).

Thiolox (Victor), 10, quai du Louvre, à Paris.

Toulotte (Félix), à Artonges (Aisne).

Toulouze, 16, rue Saint-Albin, au Grand-Montrouge, à Paris.

Touzet, à Sennecey-le-Grand (Saône-et-Loire).

Vieil, à Puygiron (Drôme).

Vergnes (Charlotte), à Alas-Balaguères (Ariège).

Mme Wallier (Zénaïde), à Fontaines-les-Vervins (Aisne).

Tasses à vin en buis. *Collection Fiéré.*

TABLE DES MATIÈRES

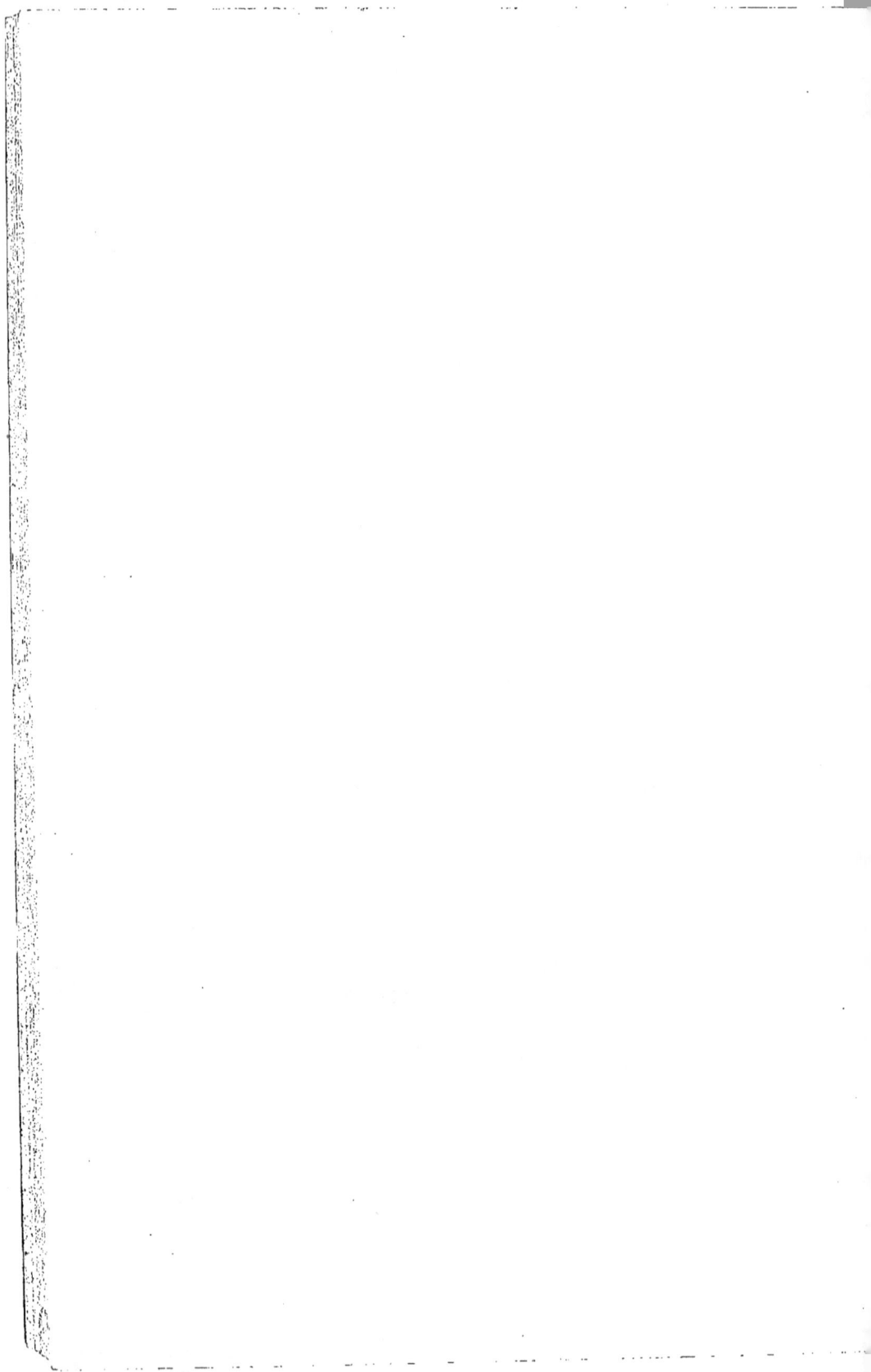

SAINT-CLOUD. — IMPRIMERIE BELIN FRÈRES

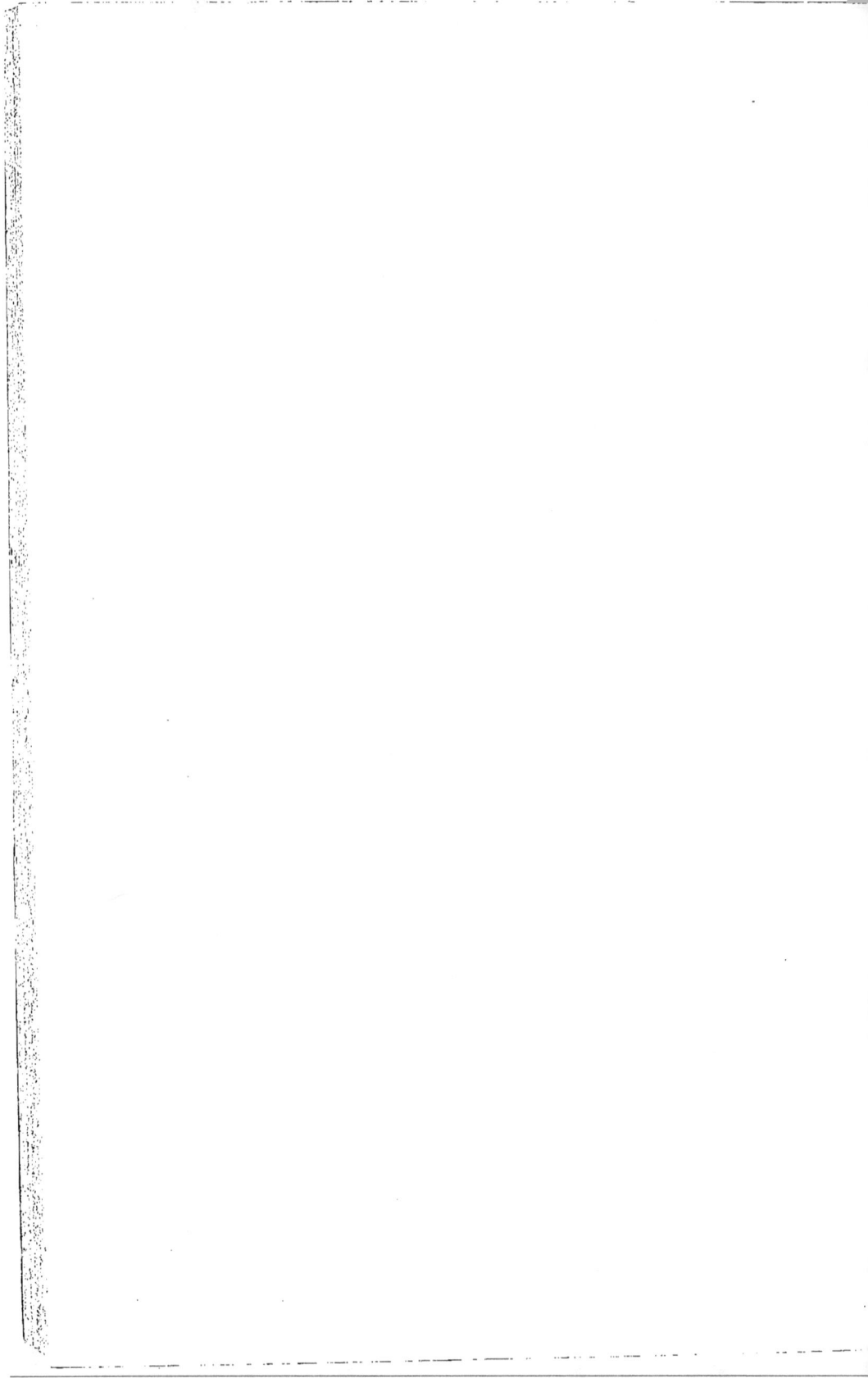

www.ingramcontent.com/pod-product-compliance
Lightning Source LLC
Chambersburg PA
CBHW062003200326
41519CB00017B/4658